Gary A. Kowalski

Auf Wiedersehen, geliebter Freund

AF239626

Gary A. Kowalski

Auf Wiedersehen
geliebter Freund

Heilende Weisheiten für
Menschen, die ein Tier verloren haben

Aus dem Englischen von Susanne Lück

//////////////////////////////////// SILBERSCHNUR ❦ VERLAG

Copyright © 1997, 2012 by Gary Kowalski
Titel der Originalausgabe: *Goodbye, Friend. Healing Wisdom for Anyone Who
Has Ever Lost a Pet*
Original published in 1997 by Stillpoint Publishing; First printing of revised
edition, March 2012; New World Library, Novato, California, USA

Copyright © der deutschen Ausgabe Verlag »Die Silberschnur« GmbH

ISBN 978-3-89845-371-4

1. Auflage 2013
2. Auflage 2020

Übersetzung: Susanne Lück
Gestaltung: XPresentation, Güllesheim; unter Verwendung verschiedener Motive
        aus www.fotolia.com und www.iStockphoto.com
Druck: Finidr, s.r.o. Cesky Tesin

Verlag »Die Silberschnur« GmbH · Steinstraße 1 · D-56593 Güllesheim
www.silberschnur.de · E-Mail: info@silberschnur.de

Inhalt

Einige haben uns verlassen,

andere werden es bald tun.

Warum sollten wir also trauern,

dass auch wir gehen müssen?

Dennoch sind unsere Herzen voll Trauer,

dass wir auf diesem großen Weg

den Freunden, die wir finden,

nicht noch einmal begegnen können.

Aus dem Sanskrit ins Englische von Daniel Ingalls

1. Tiere sind Gefährten

Alles stirbt: Goldfische, Blauwale, Freunde und geliebte Menschen. Eine große Wehmut begleitet die Erkenntnis, dass jedes Leben einmal enden muss. Den Tod zu akzeptieren und trotz seiner Endgültigkeit mit Freude zu leben, ist eine Herausforderung – ob wir uns nun von einem uns nahestehenden Menschen verabschieden müssen oder von einem Tier, das zu unserem Familienkreis gehörte. Die Trauer, die uns überfällt, wenn eine solche Beziehung jäh endet, kann erdrückend sein. Dieses Buch richtet sich an alle, die schon einmal eine Katze, einen Hund oder ein anderes Haustier verloren haben, das ihr Leben begleitet hatte.

Tiere wurden jahrhundertelang als den Menschen unterlegen und untergeordnet betrachtet. Heute wissen wir es besser. Allein das Wort "Haustier" verrät, dass es um treue Gefährten geht, die Teil unseres häuslichen Lebens sind und uns besonders nahestehen. Unter den Lesern dieses Buches werden sich sicher nur Menschen finden, die das Tier, das sie verloren haben, auch geliebt haben. Und das ist Gott sei Dank die Mehrheit der Menschen.

Während meines Theologiestudiums riet uns ein Professor bei der Vorbereitung auf die Tätigkeit als Geistlicher davon ab, in einer Predigt je das Thema Hunde zu erwähnen. Warum? Die Gemeindemitglieder würden dann unweigerlich an die vielen eigenartigen, liebenswerten und drolligen Vertreter dieser Art denken, die sie in ihrem Leben kennenlernen durften. Und worum auch immer es in der Predigt wirklich ging, wäre im Handumdrehen in einem Meer aus Tagträumerei untergegangen.

Einer dieser Hundecharaktere aus meiner Erinnerung ist Flush, der Springer Spaniel, der nach Elizabeth Barrett Brownings berühmtem Hund benannt war (welcher wiederum zum Helden seiner eigenen Biografie aus der Feder von Virginia Woolf wurde). Meine Mutter erinnert sich an Flush noch aus ihrer Kindheit während der Großen Depression. In diesen harten Zeiten war es schwer, an Fleisch zu kommen, und der Hund gewöhnte sich stattdessen an Kartoffel- und Karottenschalen, die man für ihn kochte, und an Pfirsiche vom Baum in unserem Garten. Seine Ohren waren so gut, dass er das verräterische Plumpsen einer Frucht, die vom Baum fiel, auch nachts sofort hörte. Er fraß so viele überreife Pfirsiche, dass er Zahnprobleme bekam, und meine Mutter weiß noch genau, wie er wegen seines wunden Gaumens winselte, noch während er die Früchte hinunterschlang. Irgendein brutaler Flegel hat ihn später vergiftet. Aber meiner Mutter (die jetzt keine Haustiere halten kann und Hunde normalerweise nicht einmal mag) ist Flush nach über 60 Jahren noch lebhaft in Erinnerung.

Wir alle kennen so einen Hund oder ein anderes Tier, das uns mit der Zeit lieb geworden ist. Die Tränen, die wir vergießen, wenn solch ein Wesen stirbt, sind echt, denn Tiere haben einen wichtigen Platz in unserem Leben. Ihre sanfte, vertraute Gegenwart wird zu einem verlässlichen Teil unseres Alltags. Sie fressen, womit wir sie füttern, und sind fröhliche Spielgefährten für uns und unsere Kinder. Sie begleiten uns auf abenteuerliche Ausflüge ebenso wie in Momenten der stillen Einkehr. Wir spüren ihre Zuneigung und Treue und gehen emotionale Bindungen mit ihnen ein, die ebenso stark und nährend sein können wie jede andere im Leben. Wird eine solche Bindung gewaltsam zertrennt, erleben wir oft Gefühle von Leere und Verlust. Wir fühlen uns deprimiert, gelähmt, verunsichert oder wütend. Für manche Menschen bedeutet der Tod ihres Haustiers den größten Verlust ihres Lebens.

Vor kurzem schrieb mir ein Professor und berichtete mir von einer kleinen privaten Forschungsreihe, die er an der Universität von West Virginia, wo er seit vielen Jahren unterrichtete, durchgeführt hatte. Seine Einführungsseminare in Psychologie begann er immer damit, dass er die Studierenden bat, ihre glücklichsten oder traurigsten Erlebnisse aufzuschreiben. Bei den Frauen stellte er fest, dass die traurigsten Ereignisse meist den

Tod eines Großelternteils oder anderen engen Familienmitglieds betrafen. Für die jungen Männer aber waren die traurigsten Erinnerungen großteils mit dem Tod eines Hundes verbunden. Er schrieb, ihm sei nie ganz klar geworden, wie hier der Geschlechterunterschied zum Tragen kam. Wichtig bleibt aber, dass so vielen jungen Menschen auf die Frage nach ihrem tiefsten persönlichen Kummer automatisch der Tod ihres Haustiers in den Sinn kam.

Diesen Verlust und die Gefühle, die er mit sich bringt, anzuerkennen und zuzulassen, sind wichtige Schritte im Heilungsprozess. Unsere Trauerbezeugungen sind das Mittel, mit dem wir den Weg durch den Kummer zur Akzeptanz und schließlich zur Überwindung gehen können. Wir brauchen ausreichend Gelegenheit zu weinen, zu schreien und die Fäuste in den Himmel zu recken, wenn uns danach ist – all das sind gesunde Formen der Katharsis und emotionalen Verarbeitung. Es tut weh, und das müssen wir zum Ausdruck bringen.

Und noch etwas ist wichtig: Unsere Gefühle müssen von anderen bestätigt werden. Natürlich kann niemand reparieren, was zuvor zerstört wurde. Es gibt keinen magischen Schwur, durch den wir die Lücke, die der verstorbene Freund hinterlassen hat, wieder füllen könnten. Wäre der Verlust so leicht zu überwinden, wären Tiere tatsächlich nicht von großem Wert für uns … Doch obwohl niemand uns von unserer Trauer befreien kann, versichern uns der Zuspruch und die Sorge anderer Menschen doch, dass wir nicht allein trauern müssen. Die

Gewissheit, dass andere Menschen mit ähnlichen Verlusten fertig geworden sind, lässt uns eine gewisse Hoffnung schöpfen. Viele sind verlegen oder beschämt, sich anderen so verwundbar zu öffnen. Innere Zweifel kommen auf: Werden es die anderen nicht sonderbar finden, derart über dem Tod eines Tieres zu verzweifeln? Es war "nur ein Tier", manche finden das vielleicht lächerlich.

Der Radiomoderator und Humorist Garrison Keillor hat einen Sketch über ein Jurymitglied bei einem Lyrikwettbewerb verfasst, der sich durch ganze Wagenladungen schlechter Gedichte lesen musste, zu denen auch einige amateurhafte Elegien für verstorbene Haustiere gehören. Doch selbst Mr. Keillor versteht, dass der Verlust eines Tieres furchtbar sein kann und dass nichts daran besonders komisch ist. Er schrieb sogar, das muss zu seiner Ehre gesagt sein, ein Gedicht über seinen verstorbenen Kater: "In Memory of Our Cat Ralph". Hier ein Ausschnitt:

> Es war dunkel auf dem Weg nach Haus,
> der Nachbar trat zu uns hinaus.
> »Was ich mich kaum zu sagen traue,
> euer Kater ist tot, der große Schwarzgraue.
> Ich fand ihn da hinten am Gartenzaun.«
> »Danke«, sagte ich und blinzelte kaum.
>
> Wir gruben im Blumenbeet ein Loch,
> da, wo der Kater oft hinkroch
> und still faul in der Sonne lag
> und dort schlief den ganzen Tag.

Wir legten ihn hin und deckten ihn zu
und hofften, er fände nun seine Ruh.
Mit Erde bedeckt, so lag er da,
unser alter Kater im Grab.

Wir wandten uns ab und gingen hinein
ins leere Haus, um dort zu weinen.
Schon fehlten uns sein Fell, sein Gesicht,
sein Schnurren und das warme Gewicht
auf unseren Füßen und unserem Schoß.
Ich sag es frei heraus, der Kummer war groß.
Vielleicht war es ja kindisch und schwach,
ein Tier zu betrauern, aber ach,
das Tier, so kurz sein Leben auch blieb,
wir alle hatten es sehr geliebt. (...)

"Wenn das albern ist", schreibt Keillor in der letzten Strophe, "dann sei es so." Aber es ist nicht albern und auch nicht kindisch oder schwach – es ist nur menschlich. Ein solcher Verlust verdient Respekt und nicht Missachtung.

Glücklicherweise merken das auch immer mehr Therapeuten und Seelsorger. Es gibt jetzt Selbsthilfegruppen für Menschen, die ein Haustier verloren haben. Der US-Tierschutzbund ASPCA bietet über eine Telefonhotline Trauernden ein offenes Ohr, ebenso wie einige Veterinärschulen. Auch im Internet gibt es Haustier-Trauergruppen, denen man sich leicht anschließen kann. In einigen wenigen Grußkartenläden habe ich sogar schon Trauerkarten für Haustiere gesehen. Doch wir brauchen noch viel mehr. Bei der letzten Zählung gab es in den USA 82 Millionen Hauskatzen und 72 Millionen Hunde sowie unzählige Rennmäuse, Kaninchen, Papageien und andere Haustiere zu verzeichnen. Tausende von Menschen leiden jedes Jahr, weil sie ohne Trost allein zurückbleiben, wenn ihr Tier stirbt. Wer auf Heilung aus ist, findet sie vielleicht auch in diesem Buch.

Kann ein Buch denn überhaupt helfen? In *Pu der Bär* beschreibt A. A. Milne eine Situation, in der Pu nach dem Genuss mehrerer Töpfe Honig im Eingang zum Bau seines Freundes Kaninchen stecken bleibt. Obwohl all seine Freunde aus dem Hundertmorgenwald an ihm ziehen und schieben, steckt er fest. Mit Tränen in den Augen und einem großen Seufzer wird dem übergewichtigen Bären klar, dass er wohl in dem Loch bleiben und hungern muss, bis er genug abgenommen hat, um hindurchzupassen. Mit einer letzten Bitte ergibt er sich in sein Schicksal: "Würdest du dann bitte ein gehaltvolles Buch vorlesen", fragt er Christopher Robin, "eines, das einem eingeklemmten Bären in starker Bedrängnis Hilfe und Trost spendet?" All denen, die in ähnlicher Bedrängnis stecken und die sich auch nach Trost sehnen, all denen, die apathisch oder zornig oder depressiv auf den Tod reagiert haben, möchte dieses Buch helfen, aus ihrem Loch herauszukommen. Und was auf Bären zutrifft, stimmt sicherlich auch bei Büchern: Dicker ist nicht immer besser. So schmal dieser Band erscheinen mag, sein Thema ist doch alles andere als geringfügig.

Ich habe getan, was andere tun,
und schob es recht weit fort;
doch wenn ich auch wollte, nie vergesse ich
vier Pfoten hinter mir.

Tag für Tag bis in die Nacht –
wohin mich mein Weg auch verschlug –
sagten vier Pfoten: »Ich gehe mir dir!«
Und blieben stets hinter mir.

Rudyard Kipling

2. Trost auf vier Pfoten

Als Gemeindepfarrer weiß ich gut, wie schwer es ist, einen Hund oder eine Katze zu verlieren, den oder die man geliebt hat. Viele Menschen wenden sich an mich, wenn ihre Haustiere sterben. Eines Morgens bekam ich kurz vor der Morgenandacht einen handschriftlichen Brief: Ob ich wohl bitte verkünden könne, dass Oatmeal, die Hündin einer unserer Kirchgängerinnen, eine Woche zuvor verstorben sei. Oatmeal war schon alt gewesen, aber ihre Besitzerin traf der Verlust dennoch hart.

Ich musste kurz überlegen. Ich fragte mich, wie wohl die anderen Gemeindemitglieder auf solch eine Nachricht zwischen all den Freuden und Sorgen, die wir am Sonntagmorgen miteinander teilen, reagieren würden. Würde man diese Ankündigung für unpassend halten? Ich ging das Risiko ein und war später froh, dass ich meinem Instinkt gefolgt war, denn ich bekam einen weiteren Brief, in dem sich Oatmeals Besitzerin aufrichtig für die Erwähnung bedankte. Dass ihr Kummer in einem religiösen Rahmen anerkannt worden war, hatte ihr echten Trost gespendet.

Den Begriff "Besitzerin" verwende ich nur zögerlich. Denn obgleich wir die rechtlichen Vormünder und materiellen Versorger unserer vierbeinigen Gefährten sind, gehören sie uns doch nicht wie ein Besitz. Sie können vieles sein – störrisch, lustig, neurotisch, vernünftig – aber niemals nur Eigentum. Sie gehören nicht in dieselbe Kategorie wie Autos und Elektronikartikel. Viele Menschen betrachten ihre Tiere vielmehr als Teil der Familie. Und wie jeder Tierfreund bestätigen wird, haben sie Vorlieben und Abneigungen, Launen und Gefühle, die unseren eigenen sehr ähnlich sind.

Interessanterweise sind wir Menschen auch keineswegs die einzige Art, die trauern kann. Andere Tiere haben offenbar ein zumindest grobes Verständnis vom Tod und können die Trennung von einem ihnen nahestehenden Artgenossen oder anderen Tier ebenso schmerzhaft empfinden wie wir. Beispielsweise berichtet der Psychotherapeut Maurice Temerlin in seinem Buch *Lucy – Growing Up Human*, wie die Schimpansin, die er mit seiner Frau bei sich aufgezogen hatte, auf die Entdeckung reagierte, dass ihre Hauskatze gestorben war: "Ich war zu der Zeit im Garten und hörte einen Schrei aus Lucys Dachkammer. Solch einen Schrei hatte ich noch nie vorher gehört, und ich rannte eilends hinauf. Die Katze lag tot am Boden, Ursache unbekannt. Lucy stand am anderen Ende der Kammer und war sichtlich erschüttert. Die beiden Tiere waren unzertrennlich gewesen, und

Lucy war tief getroffen. Sie starrte den kleinen Leichnam an und hob dann einen Finger, als wolle sie ihn berühren. Dann aber zog sie ihre Hand rasch wieder zurück."

Drei Monate später fand die Äffin beim Durchblättern der Fachzeitschrift *Psychology Today* einen Artikel über Schimpansen und darunter ein Foto, auf dem sie zusammen mit der verstorbenen Katze zu sehen war. Lucy saß ganz still und begann dann, in Zeichensprache immer wieder das Zeichen für "Lucys Katze, Lucys Katze" zu signalisieren. Trauer als Reaktion auf den Tod ist anscheinend nicht den Menschen vorbehalten. Auch ein Schimpanse kann eine schmerzlich vermisste Gefährtin eine Zeit lang betrauern.

Einige Tiere scheinen sogar Tränen zu vergießen. In dem Hindu-Epos *Ramayana* von 2500 v. Chr. werden weinende Elefanten beschrieben. Das Phänomen wurde von niemand Geringerem als Charles Darwin bestätigt, der vom Verhalten dieser Tiere in Gefangenschaft berichtete. Wenn man sie ihrer Freiheit beraubte, lagen sie "bewegungslos auf dem Boden, und von ihrem Leid zeugten nur die Tränen, die ihnen unablässig aus den Augen rannen." In seinem Buch *Crying: The Mystery of Tears* zählt Dr. William Frey weitere Beispiele auf. Eine Frau in Texas hatte einen Hund, der von einem Auto überfahren wurde und starb. Danach lag der andere Hund der Frau wochenlang auf dem Grab seines Gefährten und weinte erkennbare Tränen. Solche Anekdoten seien nicht selten, erklärt Frey, und wenn auch ihre Korrektheit immer wieder angezweifelt wird, gäbe es doch – ob nun tatsächliche Tränen fließen oder nicht – kaum Anlass abzuleugnen, dass andere Geschöpfe auf Verlust mit derselben Beunruhigung und Angst reagieren wie wir. Es kann sich hier gut um eine weitverbreitete Reaktion auf Todesfälle handeln, die vielen Arten gemeinsam ist. Ich jedenfalls finde es beruhigend zu wissen, dass wir Menschen in unseren mühsamen Versuchen, Verluste zu überwinden, nicht allein sind.

In unserer Kultur ist es nicht einfach, sich zu verabschieden und zu trauern. Besonders wenn es um Tiere geht, wird das erlebte Leid häufig heruntergespielt. Während das Ableben eines Mitmenschen fast immer von Trauerritualen begleitet wird, gestehen wir einer verstorbenen Katze oder einem Hund kaum eine ernsthafte Zeremonie zu. Beim Tod eines Menschen erhalten wir Kondolenzbriefe und -anrufe; stirbt aber ein Haustier, können wir nur mit wenig Beileidsbezeigungen oder auch nur Verständnis rechnen. Bei einem menschlichen Todesfall versammeln sich Familie und Freunde um die Hinterbliebenen, doch wer um sein Tier trauert, kommt abends meist nur in eine leere Wohnung, die ihm trist und verlassen erscheint. Einige mögen sich mitleidig und verständnisvoll zeigen, viele andere werden dies nicht tun. Man erwartet von uns, dass wir mit unserer Arbeit, unseren täglichen Pflichten wie gewohnt fortfahren, als sei gar nichts Schlimmes geschehen.

Und doch bietet der Verlust eines Freundes, menschlicher Artgenosse oder nicht, immer Anlass zur Sorge. Beispielsweise wissen wir, dass Haustiere eine entscheidende Rolle in der Gesundheit der Menschen spielen. Studien haben ergeben, dass der einfache Vorgang des Streichelns eines Hundes oder einer Katze, ein Tier nur auf dem Schoß zu haben, die Pulsfrequenz beruhigen und den Blutdruck senken können. Die Kombination des Berührens von und Sprechens mit Tieren erweist sich dabei sogar als heilsamer als vergleichbare Kontakte zu anderen Menschen. Haustierbesitzer haben ein geringeres Herzinfarktrisiko und leben tendenziell länger als Menschen ohne vierbeinige Gefährten. Ein anderer Versuch ergab, dass es sich sogar schon positiv auf die Psyche auswirken kann, einfach nur ruhig vor einem Aquarium zu sitzen (dies ist vergleichbar mit einer Meditation).

Haustiere sind gesundheitsfördernd. Zu dieser Einschätzung bin ich vor vielen Jahren aus erster Hand gekommen, als ich in einer Rehabilitationseinrichtung für Menschen mit geistiger Behinderung arbeitete. Eine der Bewohnerinnen war eine junge Frau namens Peggy. Sie war etwa 19 Jahre alt, hatte langes dunkles Haar und ein schönes schüchternes Lächeln. Sie hatte schon öfter versucht, sich die Pulsadern aufzuschneiden, als ich wirklich wissen wollte. Peggys Diagnose lautete auf Schizophrenie, und sie lebte in einer Welt, die weder ich noch die Therapeuten und Psychiater vollkommen verstehen oder gar betreten konnten. Ihre Richtschnur im Leben war ihr Hund, ein reinrassiger weißer Samojede namens Alfonse. Solange Alfonse gut genährt und gepflegt war, wussten wir, dass es Peggy gut ging. Den Hund zu bürsten, zu füttern und mit ihm spazieren zu gehen, waren die Stabilitätspunkte in Peggys Leben. Begann der Hund hingegen vernachlässigt zu wirken, war das ein sicheres Zeichen, dass Peggy selbstzerstörerisch wurde und in Gefahr war, sich selbst zu verletzen. Alfonse war in einem gewissen Sinn Peggys seelischer Spiegel; ein vierbeiniges Fellfenster in ihr ansonsten unzugängliches Seelenleben.

Kein Wunder, dass Tiere als Heilbeschleuniger mittlerweile häufiger in Krankenhäusern und Therapiezentren anzutreffen sind. Wo sonst finden wir solch bedingungslose Zuwendung und unverfälschte Spontaneität? Tiere scheinen zu merken, wenn es uns schlecht geht, und sie wenden sich uns dann zu, wenn wir es am nötigsten brauchen. Michael Ward aus North Carolina schrieb mir vor kurzem einen langen Brief, der mich vollends überzeugt hat. "Meine Freundin hatte eine sehr schwere Zeit durchzustehen", schrieb er. "Ich habe versucht, sie – so gut ich konnte – zu trösten, aber Worte reichen nun einmal nicht immer aus. Sie wollte bei mir übernachten, um nicht allein in ihrer Wohnung sein zu müssen. Als sie sich schlafen legte, geschah etwas Überraschendes: Mein Hund Grish sprang zu ihr ins Bett, legte seinen riesigen schwarzen Labradorschädel auf ihren Bauch und blieb dort die ganze Nacht liegen. Das hatte er davor noch nie getan, und es kam danach auch nie wieder vor."

Viele haben Ähnliches erlebt. In einem besonders bemerkenswerten Fall gelangte ein Junge, der im Koma lag und bei dem alle Wiederbelebungsversuche gescheitert waren, dank seines Hundes Rusty wieder zu Bewusstsein. Das Kind, das eine Kopfverletzung erlitten hatte, war zehn Tage ohne Bewusstsein gewesen. Als die Familie im Krankenzimmer bei einem Gespräch den Hund erwähnte, war eine leichte Veränderung im Gesicht des Jungen zu sehen. Nach Rücksprache mit den Ärzten brachten sie das Tier ans Krankenbett. Das Kind erwachte, als Rusty ihm die Hände und das Gesicht zu lecken begann.

Doch auch auf weniger dramatische Weise helfen uns unsere Tiere, schwere Zeiten durchzustehen. "In finsteren Stunden", schrieb W. H. Auden über seinen Hund, "ist dein Schweigen oft hilfreicher als der Trost vieler Zweibeiner." Stirbt ein solcher Trostspender, dann kann uns das verzweifeln lassen. Viele fühlen sich, als hätten sie einen Teil von sich verloren. Leider gibt es keine einfache Prozedur zur Seelenreparatur oder zur eigenen Wiederherstellung. Jeder Mensch trauert anders, und Trauer bringt immer eine gewisse Unwägbarkeit mit sich.

Trauer und Heilung sind Teil des Lebensstroms, beide vollziehen sich in ihrem eigenen Rhythmus und Tempo. Niemand weiß, wie lange wir zum Trauern benötigen. Es mag Wochen oder Tage dauern, kann aber auch viele Monate lang anhalten. "Mr. Bojangles" im gleichnamigen Jazz-Standard etwa ist ein Straßentänzer, der laut Songtext nun schon 20 Jahre um seinen toten Hund trauert: "The dog up and died, he up and died, and after twenty years, he still grieves." Vielen Menschen schnürt die Erinnerung an ein verstorbenes Tier noch jahrelang die Kehle zu. Psychologen, die Trauer standardmäßig auf einige Wochen begrenzen, unterschätzen den Schmerz, der dazugehört, erheblich.

Nach zwei Jahrzehnten wird die Stimme meiner Freundin Iris noch immer rau, wenn sie von ihrem Pferd Sentimental Journey erzählt, mit dem sie den größten Teil ihres erwachsenen Lebens verbracht hat. Der tägliche Kontakt über 29 Jahre und die körperliche Nähe dabei hatten eine innere Verbindung geschaffen, die, wie sie sagt, stärker als diejenige war, die sie zu ihrer Familie hatte. "Wie hätte sein Tod mich nicht berühren sollen?", fragt sie zu Recht.

Iris besitzt auch mehrere Hunde (sobald einer von ihnen alt wird, adoptiert sie einen neuen, um die Umstellung zu erleichtern). Sie nahm ein Kalb bei sich auf, das man aus dem Schlachthaus gerettet hatte und das später an Herzproblemen starb, und sogar einen Waschbären namens Harry, der sich bei einem Sturz das Genick brach. Sich um so viele Tiere zu kümmern, bringt immer auch Verluste mit sich. Aber Iris, die auch eine der Hauptaktivistinnen gegen das Fangeisen ist (eines ihrer Tiere wurde von diesem teuflischen Gerät verstümmelt), liebt Tiere nun einmal. Ohne ihre Menagerie könnte sie sich kein Leben vorstellen.

"Bis man einmal ein Tier geliebt hat", schreibt Anatole France, "bleibt ein Teil der Seele unerweckt." Alle, die zur erweckten Gruppe gehören, sind sich einig, dass Haustiere mit ihrer unverbrüchlichen Zuneigung und Treue allen Schmerz und alle Schwierigkeiten wert sind, die sie mit sich bringen können.

Ein treuer Freund ist ein starker Schutz;
wer den findet, der findet einen großen Schatz.
Ein treuer Freund ist nicht mit Geld oder Gut zu bezahlen,
und sein Wert ist nicht hoch genug zu schätzen.
Ein treuer Freund ist ein Trost im Leben ...

Sirach 6,14

3. Bedürfnisse erfüllen

*H*unde bezeichnet man als die besten Freunde des Menschen, aber auch andere Geschöpfe sind gute Gefährten. Wenn sie uns verlassen, müssen wir ein wenig besser auf uns selbst achtgeben als sonst. Wir müssen unsere eigenen besten Freunde werden.

Einer der Gründe, warum wir Haustiere so schätzen, ist ihre Fähigkeit, uns auf den Boden der Tatsachen zurückzubringen. Unsere Tiere verkörpern eine Lebensweise. Wenn ich mir zu viele Sorgen mache, reißt mein Hund Chinook mich aus der düsteren Stimmung und rückt die Probleme wieder in die richtige Perspektive. Wenn ich ihm zu ernsthaft werde, fordert er mich zum Spielen auf. Gerade weil Tiere so wenig und so grundlegende Bedürfnisse haben, können sie uns lehren, auch uns selbst wieder auf die einfachen und umso wichtigeren Grundlagen zu konzentrieren.

In emotional schwierigen Zeiten müssen wir besonders darauf achten, unsere eigenen Bedürfnisse nicht zu vernachlässigen:

- TIERE BRAUCHEN NAHRUNG. Und Sie auch – selbst wenn Sie in Ihrer Trauerzeit wenig Appetit haben, essen Sie vernünftig.

- TIERE BRAUCHEN BEWEGUNG. Sie ebenso. Gehen Sie spazieren oder ins Fitness-Studio, auch wenn Sie wenig Lust dazu verspüren.

- TIERE BRAUCHEN SCHLAF. Ungestörter Nachtschlaf ist genau das, was auch Sie brauchen, wenn es Ihnen nicht gut geht – und nach ausreichend Bewegung fällt Ihnen das Durchschlafen wesentlich leichter.

- TIERE BRAUCHEN SPASS. Wenn Sie normalerweise an bestimmten Aktivitäten Freude haben, achten Sie darauf, diese jetzt regelmäßig in Ihren Zeitplan einzubinden.

- TIERE BRAUCHEN GESELLSCHAFT. Versuchen Sie, in dieser Zeit der Trennung von sich aus Kontakt zu anderen Menschen zu halten, um nicht in Isolation zu geraten.

Was Tiere uns ebenfalls lehren, ist die Bedeutung eines fest geregelten Tagesablaufs. Chinook möchte seine Mahlzeiten beispielsweise in bestimmten Zeitabständen zu sich nehmen und mag jeden Morgen und Abend seine pünktlichen Besuche im Park. Außer vielleicht einem Extra-Hundekeks vor dem Schlafengehen hält ein idealer Tag für ihn keinerlei Überraschungen bereit.

Auch für Menschen ist eine gewisse Routine wichtig. Daher ist es nicht ratsam, direkt nach einem Todesfall über bedeutende Änderungen im Leben nachzudenken. Unter Stress leidet unser Urteilsvermögen, und große Entscheidungen sollten wenn möglich verschoben werden. Bleiben Sie lieber bei dem, was Ihnen vertraut ist. Jetzt ist beispielsweise nicht der beste Moment, ein neues Haustier auszuwählen; ebenso wenig sollten Sie jetzt schwören, sich nie wieder ein Tier anzuschaffen. Geben Sie sich etwas Zeit, sich an die neue Situation zu gewöhnen.

Andererseits wird natürlich gerade unsere Alltagsroutine schmerzlich unterbrochen, wenn ein Tier stirbt. Der Tod verändert das Muster des Lebens. Lange in Fleisch und Blut übergegangene Gewohnheiten – die Leine für den Abendspaziergang holen, den Futternapf bereitstellen – werden nun zur ständigen schmerzlichen Erinnerung an das, was nicht mehr ist. Es ist vergleichbar mit einer kürzlich verwitweten Frau, die morgens noch immer zwei Tassen Kaffee aufsetzt. Wir müssen uns von diesen Gewohnheiten gegebenenfalls ent- und umgewöhnen. Vielleicht werden uns die Tiere sogar nach ihrem Tod wieder bewusster als zu ihren Lebzeiten.

Ein Verlust lenkt den Blick auch auf andere. Ich denke da an Amy, mit der ich unlängst bei einer Tasse Kaffee plauderte. Im letzten Herbst war Amys Kater Mittens gestorben. Er war schon recht alt gewesen, aber sie kannte sein genaues Alter nicht, da er fünfzehn Jahre vorher einfach bei ihr und ihrem Freund Chris hereinspaziert und eingezogen war. Die drei wurden zu einer kleinen Familie, fuhren gemeinsam zum Picknick und in den Urlaub. Amy und Chris wollten heiraten, verschoben die Pläne aber immer wieder, und schließlich musste Chris wegen eines neuen Jobs umziehen. Für die mittlerweile 37-jährige Amy rückte die Aussicht auf eine eigene Familiengründung in immer weitere Ferne. Noch Monate nach Mittens' Tod vermisste sie ihren Kater; dessen Ableben hatte ein Kapitel ihres Lebens endgültig beendet.

Jeder von uns trägt eine gewisse Last an vergangenen Enttäuschungen mit sich, und durch solche Einschnitte können alte Wunden von neuem bluten. Je nach Situation werden manche Menschen dabei härter getroffen als andere. Wer allein lebt und keine Kinder hat, kann zum Beispiel mehr darunter leiden als Eltern mit vielfältigen Familienpflichten. Eines unserer menschlichen Grundbedürfnisse ist das Gefühl, gebraucht zu werden. Für ein Tier zu sorgen, gibt vielen Menschen täglich das Gefühl, nützlich zu sein. Man möchte gerne von Bedeutung sein, zumindest für ein dankbares Geschöpf. Stirbt das Tier, stirbt auch ein Lebenszweck.

Ältere Menschen empfinden den Tod eines Tieres auch häufig als ein Zeichen der eigenen Sterblichkeit. Für Jugendliche, die sich eventuell unverstanden und fremd in ihrer Familie fühlen, mag der Hund oder die Katze der einzig wahre Freund sein, dem sie sich anvertrauen. Sind die Kinder aus dem Haus, erfüllt ein Haustier oft den Zweck eines Kinderersatzes für die Eltern.

In all diesen Fällen lastet der Verlust des Tieres mehrfach schwer auf der Seele.

In einer Studie der University of Pennsylvania befassten sich ausgebildete Trauertherapeuten intensiv mit Menschen, deren Haustiere gestorben waren, um mehr über deren Trauerprozess zu erfahren. Dabei zeigte sich, dass der Verlust einer Katze sogar tiefere Verzweiflung auslösen und mehr therapeutische Hilfe erfordern kann als der eines Hundes. Das verwundert. Sind Katzen als Wesen, die in kleinen Wohnungen auf engstem Raum zusammenleben können, attraktiver für Menschen, die allein und ohne soziales Netzwerk leben? Oder ist das Verhältnis zu einer Katze so viel nuancierter, dass bei ihrem Tod mehr unvollendete Fragen offenbleiben? Das alles bleiben jedoch Vermutungen – ganz sicher ist nur, dass sowohl Katzen als auch Hunde und andere Haustiere einen dauerhaften Anspruch auf unsere Zuneigung haben.

Veränderungen im Privatleben und Brüche in Beziehungen verursachen Stress. Der daraus resultierende innere Aufruhr belastet unsere körperlichen und seelischen Reserven. In der Pionierarbeit zur Stressforschung entwickelten Tomas Holmes und R. H. Rahe 1967 eine Stressskala, auf der schweren Traumata und kleineren Belastungen, die zu jeder Existenz gehören, eine bestimmte Punktzahl zugeordnet wurde. Je höher diese Punktzahl, desto schwerer geraten Gesundheit und Wohlbefinden in Gefahr. Der Tod eines Ehepartners wurde als schwerster Stressfaktor von allen eingeordnet. Zu den weiteren bewerteten Erfahrungen gehören Scheidung (73 Punkte), Gefängnisstrafe (63 Punkte), Insolvenz (39 Punkte) und berufliche Veränderung (36 Punkte) – bis hin zu kleineren Verkehrsvergehen (11 Punkte). Aus welchem Grund auch immer hielten Holmes und Rahe den Tod eines Haustiers nicht für bedeutsam genug, um ihm überhaupt einen Platz in den ganz normalen Lebensbeeinträchtigungen zuzuweisen. Vielleicht glaubten die Forscher tatsächlich, dieser Verlust werde weniger stark empfunden als ein Bußgeld wegen Geschwindigkeitsübertretung. Leider verhalten sich auch viele andere Menschen so, als würden (oder sollten) Tiere einfach nicht zählen.

Doch natürlich zählen sie. Als eine Klinik Paare mittleren Alters befragte, die ein Haustier verloren hatten, war sich die große Mehrheit einig, dass es ein schmerzhaftes Ereignis ist, weniger stressig als ein Todesfall im nahen Familienkreis, aber doch stärker empfunden als der Tod weiter entfernter Familienmitglieder. In einer britischen Studie fand man heraus, dass bei zehn Prozent der vom Tod eines Tieres Betroffenen Symptome auftraten, die einen Arztbesuch erforderlich machten. Das passt wiederum zur Holmes/Rahe-Studie, die herausfanden, dass Menschen, die innerhalb von zwölf Monaten über 300 Punkte auf der Stressskala ansammeln, mit achtzigprozentiger Wahrscheinlichkeit physisch oder psychisch krank werden. Und sogar der Hälfte derer, die zwischen 150 und 299 Punkte erreichten, ging es nicht besser.

Wie jeder, der einen Schicksalsschlag erleidet, sind Menschen, deren Tiere gestorben sind, verwundbarer. Eine Folgestudie über Menschen, die den Verlust eines Haustiers betrauerten, ergab, dass über 90 Prozent der Besitzer zumindest unter Schlafstörungen oder Appetitmangel litten – zwei übliche Symptome klinischer Depression. Über die Hälfte zog sich zurück und vermied soziale Aktivitäten. Fast 50 Prozent bekamen Schwierigkeiten bei der Arbeit und mussten sich einen bis drei Fehltage krankmelden. Es gibt sogar Hinweise darauf, dass Paare sich häufiger trennen, nachdem ein gemeinsames Haustier gestorben ist. All diese Symptome belegen, dass es sich hier um eine ernsthafte Angelegenheit handelt, welche unsere Gesundheit, Karriere und zwischenmenschlichen Beziehungen erheblich belasten kann.

Mein üblicher Ratschlag an alle Trauernden ist: Geben Sie gut auf sich acht. Essen Sie regelmäßig. Gönnen Sie sich genug Ruhe. Nehmen Sie sich wenn möglich einige Tage frei, oder finden Sie zumindest einen Weg, sich zu entspannen. Seien Sie gut zu Ihrem Körper. Sie dürfen sich niedergeschlagen fühlen, wenn Ihr guter oder gar bester Freund gestorben ist. Sie dürfen sich erschöpft und nervös fühlen. Dazu haben Sie jedes Recht. Aber behandeln Sie sich so, wie Sie jedes andere verletzte Geschöpf auch behandeln würden – seien Sie so gut zu sich selbst, wie Sie es auch zu Tieren sind.

Ein Jegliches hat seine Zeit,

und alles Vorhaben unter dem Himmel

hat seine Stunde:

Geborenwerden hat seine Zeit,

Sterben hat seine Zeit;

Pflanzen hat seine Zeit, Ausreißen, was

gepflanzt ist, hat seine Zeit;

Töten hat seine Zeit, Heilen hat seine Zeit;

Abbrechen hat seine Zeit, Bauen hat seine Zeit;

Weinen hat seine Zeit, Lachen hat seine Zeit;

Klagen hat seine Zeit, Tanzen hat seine Zeit; (…).

Prediger 3, 1-4

4. Ein Jegliches hat seine Zeit

$\mathcal{B}$ei über 500 Gemeindemitgliedern kann ich jedes Jahr auf eine erkleckliche Zahl Neugeborener blicken, aber auch auf eine gewisse Zahl an Todesfällen. Zu meiner Arbeit gehört es, den Gedenkgottesdienst durchzuführen, wenn ein Todesfall eintritt. Obwohl jeder dieser Gottesdienste individuell auf den Verstorbenen und seine Umstände zugeschnitten ist, beginne ich doch in vielen Fällen mit demselben Bibelzitat. Die Worte aus Prediger 3 habe ich so oft von der Kanzel verkündet, dass ich sie auswendig kann: "Ein Jegliches hat seine Zeit, und alles Vorhaben unter dem Himmel hat seine Stunde."

Mir hilft es zu wissen, dass unser Leben einem natürlichen Rhythmus unterliegt. Dieselben Kräfte, die die Jahreszeiten hervorlocken und die Planeten bewegen, beziehen auch uns in ihre Entfaltung ein. Sterne haben eine ihnen zubemessene Lebensspanne – und wir haben unsere. Selbst die Erde, die unseren Vorfahren so endlos schien, dass sie die Zeit überdauern würde, war einmal jung und wird einmal alt werden. So bleibt die Welt im Gleichgewicht, und das Alte weicht dem Neuen.

Jedes Lebewesen hat seine individuelle Zeit und Frist. Unter Säugetieren ist es eine wohlbekannte Regel, dass die kleinsten von ihnen die kürzeste Zeit auf der Erde bestehen, die größeren überdauern längere Zeitspannen. Eine Maus oder ein Hamster leben vielleicht ein oder zwei Jahre, ein Delphin hat je nach Spezies zwanzig bis fünfzig Jahre und wir Menschen dürfen weit über achtzig Jahre hier verweilen. Je mehr Körpergewicht eine Art auf die Waage bringt, desto höher ist in der Regel ihre Lebenserwartung. Wäre das Universum gnädiger, würde die Lebensspanne von Hunden und Katzen der unseren ähnlicher sein. Von dem Augenblick an, zu dem wir Zuneigung zu einem Haustier entwickeln, das eine so große Rolle in unserem Leben spielen wird, wissen wir auch schon, dass der Tag kommen wird, an dem wir uns von ihm verabschieden müssen.

Manchen Haustieren ist allerdings ein ungewöhnlich langes Leben beschieden. Ein australischer Hund mit dem Namen Bluey lebte nach Angaben seines Besitzers Les Hall bis zum reifen Alter von 29 Jahren bei ihm in Victoria. Die älteste Katze, von der wir wissen, ist eine gescheckte britische Kätzin, die angeblich 34 Jahre alt war, als sie 1957 das Zeitliche segnete. Aber nur sehr wenige Haustiere erleben ein derart hohes Alter – und für die meisten wäre das auch kaum sehr angenehm. Weisheit liegt darin, die Grenzen der eigenen Natur zu akzeptieren.

Zeitliche Grenzen betreffen uns alle, Zweibeiner wie Vierbeiner. In seinem Buch *Wie wir sterben* bemerkt der Arzt Sherwin B. Nuland, dass sehr viele alte Menschen schlicht und einfach an Altersschwäche sterben, auch wenn auf Sterbeurkunden rechtlich zwingend eine bestimmte Todesursache angegeben sein muss (Schlaganfall, Krebs, Herzversagen). Schließlich versagt einfach ein verschlissenes Teil in dem müden alten Körper endgültig vor den anderen.

Obwohl die Natur dieser Leiden je nach Spezies variieren kann, ist das Prinzip doch immer dasselbe. Beispielsweise sind Herzinfarkte bei Hunden und Katzen selten, da sie als Karnivoren das Cholesterin, welches menschliche Arterien so häufig verstopft und verhärtet, viel besser verarbeiten. Doch das Herz ist auch bei ihnen anfällig. Wie jede andere Pumpe lässt auch seine Effizienz mit der Zeit nach. Ventile werden undicht, und durch ein Nachlassen der Pumpleistung werden andere Organe, etwa die Nieren oder die Leber, nicht mehr gut genug mit Blut versorgt und beginnen ebenfalls zu versagen.

Fachleute schätzen den Prozentanteil der über neunjährigen Hunde mit irgendeiner Art von Herzinsuffizienz auf 20 Prozent bis 30 Prozent. Aber diejenigen Tiere, die nicht daran leiden, können andere Krankheiten bekommen. Krebs und arthritische Erkrankungen sind sehr verbreitete Todesursachen bei Hunden. Alte Katzen sterben häufig ebenfalls an Krebs oder aber an Schilddrüsenüberfunktion, Nierenversagen oder Diabetes. Die

Wahrheit ist, dass die meisten alten Tiere sterben, weil ihnen die Lebenskraft ausgeht.

Nach dem Entropiegesetz, einer der Grundlagen moderner Physik, zerfällt alles. Systeme mit hohem Energieverbrauch bewegen sich auf geringen Energieverbrauch zu, so wie eine Armbanduhr erst nachgeht und dann stehen bleibt, wenn niemand eingreift und sie aufzieht oder die Batterie wechselt. In manchen Fällen kann äußere Intervention ein Leben verlängern, das beweist die Medizin immer wieder. Aber selbst wenn das Uhrwerk durchhält und die Zahnräder nicht rosten, geht uns doch allen letztlich die Zeit aus.

Manche glauben, die Lebensspanne sei genetisch determiniert. Das würde erklären, warum Menschen, deren Eltern ein langes Leben beschieden war, ebenfalls mehr Lebenszeit zur Verfügung haben. Es wäre auch ein plausibler Grund, warum Arten mit stark von der unseren abweichenden Genstruktur eine derart unterschiedliche Lebenserwartung haben. Die folgende Liste zeigt, dass die durchschnittliche Lebensspanne verbreiteter und exotischer Haustiere sehr stark voneinander abweicht – abhängig wieder hauptsächlich von ihrer Körpergröße:

Hamster: 1,5 bis 2 Jahre

Mäuse: 1,5 bis 3 Jahre

Ratten: 2,5 bis 3,5 Jahre

Wüstenrennmäuse: 3 bis 4 Jahre

Meerschweinchen: 4 bis 5 Jahre

Kaninchen: 5 bis 6 Jahre

Frettchen: 5 bis 8 Jahre

Igel: 6 bis 10 Jahre

Hunde: 11 bis 13 Jahre

Katzen: 13 bis 17 Jahre

Hängebauchschweine: 20 bis 25 Jahre

Pferde: 20 bis 30 Jahre

Größere Säugetiere leben länger, wenn es auch Ausnahmen gibt. Die meisten Hunde sind zum Beispiel größer als Katzen, doch sie leben tendenziell nicht so lange. Und Menschen leben weit länger, als unsere tatsächliche Körpergröße vermuten ließe. Unsere ungewöhnliche Langlebigkeit ist Segen und Last zugleich, denn wir haben zwar mehr Zeit, unser Leben zu genießen, doch müssen wir unweigerlich auch viele betrauern, denen nicht so viel Zeit vergönnt war.

Natürlich kann Lebensqualität niemals nur nach Quantität bemessen werden. Heutzutage leben die Menschen weit länger, als ihre Großeltern es taten, und doch sind sie keinesfalls zufriedener. Ich könnte so lange wie ein Buckelwal leben, der leicht hundert Jahre alt wird, und doch würde ich wohl niemals so würdevoll, gütig oder tolerant wie einer dieser sanften Giganten sein. Und obwohl mir zwölf Jahre – die durchschnittliche Lebenszeit von Fischottern – reichlich kurz erscheinen, würde ich doch freiwillig ein paar Jährchen hergeben, wenn ich dafür nur die Hälfte ihrer Lebensfreude hätte. Was zählt, ist nicht, wie lange, sondern wie gut wir leben.

Während die totale Anzahl an Lebensjahren für jede Art unterschiedlich ausfallen mag, können wir doch davon ausgehen, dass wir alle von der Geburt bis zum Tod die gleiche Menge an "biologischer Zeit" genießen dürfen. Der Harvard-Biologe Stephen Jay Gould erinnert daran, dass aufgrund der Stoffwechselaktivität, die bei verschiedenen Arten im selben Maß wie die Lebenserwartung voneinander abweicht, eine Maus in ihrer kurzen Lebenszeit ebenso viele Herzschläge erleben kann wie ein Elefant in seinem wesentlichen längeren Leben. Hunden, Katzen, Pferden und Hamstern – ihnen allen steht eine ungefähr gleiche Anzahl an Atemzügen in ihrem unterschiedlich langen Leben zur Verfügung: in der Regel 200 Millionen Atemzüge, acht Millionen Herzschläge.

Jede Art erfährt die Zeit angepasst an den eigenen Lebensrhythmus. Ein Hund altert nach seinem eigenen Zeitempfinden. Wenn man beiläufig von "Hundejahren" spricht, die je sieben Menschenjahren entsprechen sollen – der Vergleich hat tatsächlich seine Berechtigung. Obwohl – nicht ganz: Gemessen an seinen motorischen Fähigkeiten und seiner unstillbaren Neugier ähnelt ein sechs Monate alter Welpe einem sechsjährigen Kind, und ein einjähriger Hund, der in den letzten sechs Monaten sexuelle Reife erlangt hat, entspricht in etwa einem Teenager. Das Wachstumstempo von Hunden verlangsamt sich aber nach zwei Jahren stark. Von diesem

Punkt an entspricht ein Hundejahr etwa vier Menschenjahren. Und so kommen wir doch der Siebenerrate nahe.
Wenn ein Hund zwölf Jahre alt ist, entspricht sein kör-
perlicher Zustand einer fitten Person von nahezu 70
Jahren, die sich dem Ende ihrer Lebensspanne nähert.
Während uns das Leben anderer Tiere kurz erscheint,
ist es doch in Wirklichkeit innerhalb des ihnen gesteckten
Rahmens vollständig und erfüllend. Es bewegt sich ganz
und gar angemessen voran.

Jeder Todesfall, auch der eines Tieres, erinnert uns
daran, wie flüchtig das Leben ist. Er zwingt uns zur Na-
belschau: Machen wir das Beste aus unserem Leben?
Was können wir in unserem Leben noch tun, sein oder
erreichen? Sollten wir noch bestimmte Orte sehen, Menschen besuchen oder andere Dinge erledigen, bevor wir
selbst diese Welt verlassen? Dann nichts wie los! Der
Tod sollte uns dazu einladen, unsere verbleibenden
Jahre reich zu erleben!

Nichts und niemand kann ewig leben, aber innerhalb
der ihm zugewiesenen Spanne hat jedes Geschöpf – von
der Eintagsfliege bis zur tausendjährigen Eiche – gleich
viele Gelegenheit, die eigenen Augenblicke in der Sonne
zu genießen. Dieser Gedanke versöhnt mich ein wenig
mit dem Tod, der immer zu früh zu kommen scheint.
"Ein Jegliches hat seine Zeit, und alles Vorhaben unter
dem Himmel hat seine Stunde."

O Gott, erhöre unsere demütige Bitte für unsere Freunde, die Tiere, und ganz besonders für die verfolgten Tiere. (…) Für diejenigen, die verjagt, verloren oder Schrecken und Hunger preisgegeben sind sowie für jene, die getötet werden sollen. Wir bitten, Herr, für sie um dein Mitleid und um deine Gnade; und für diejenigen, denen ihre Pflege obliegt, bitten wir um ein barmherziges Herz, weiche Hände und gütige Worte. Schaffe aus uns, Herr, wahre Freunde unserer Tiere, mit denen wir den Segen deiner Großmut teilen dürfen.

Albert Schweitzer

5. Wenn guten Wesen Schlimmes widerfährt

$\mathcal{M}$ein Hund Chinook ist eigentlich ein kluges Tier, aber bei Autos kann er sich schrecklich dumm anstellen. Früher habe ich stundenlang mit ihm Gehorsam trainiert – Sitz, bei Fuß, Platz –, und er hat im Allgemeinen gut darauf angesprochen. Aber immer wieder rast er los und wirft sich ungeachtet meiner Rufe und Pfiffe blindlings und leichtsinnig in den fließenden Verkehr. Bislang hatte er immer Glück und wurde noch nicht schwer verletzt. Aber ich rege mich natürlich trotzdem auf. Wenn klar war, dass die Gefahr vorüber war und meine Panik sich legte, wurde ich ärgerlich auf Chinook, weil er nicht gehorcht hatte, und wütend auf mich selbst, weil ich die Gefahr nicht hatte verhindern können. Ich mag mir kaum vorstellen, was geschehen würde, wenn er je wirklich verwundet würde.

Leider werden jedes Jahr viele Tausend Tiere bei Verkehrsunfällen getötet. Wenn ein Haustier ohne Not in

Schmerzen sterben muss oder einfach verschwindet und nie wiederkommt, ist der Verlust besonders schwer zu verschmerzen. Ein frühzeitiger Tod – ob unfall- oder krankheitsbedingt – steht den tröstenden Worten der Prediger entgegen, denn das Leben kann völlig abrupt vor seiner Zeit enden. Außer dem Straßenverkehr beenden Parvoviren und Gift besonders häufig das Leben junger Hunde. Leukämie, Diabetes und FIV ("Katzen-AIDS") sind die Mörder junger Katzen. Wut, Schuld und Reue befallen dann nicht selten die Besitzer, die es vielleicht hätten verhindern können, wenn sie nur ...

Die Tiefe der Gefühle, die in solchen Fällen aufgewühlt werden, illustriert ein Leserbrief, den Richard Joseph vor einigen Jahren an seine Tageszeitung schrieb, als sein Hund von einem unbekannten Raser überfahren worden war. Der Brief "An den Mann, der meinen Hund getötet hat" traf viele derart, dass er landesweit in den Zeitungen abgedruckt wurde.

"Ich hoffe, Sie hatten einen wichtigen Termin, als Sie am Dienstagabend so schnell den Cross Highway hinunter über die Bayberry Lane gefahren sind", begann der Brief. "Vielleicht würden wir uns besser fühlen, wenn wir uns vorstellen könnten, dass Sie ein Arzt auf dem Weg zu einer Patientin in Not waren ... Doch auch wenn wir von Ihnen nicht mehr zu sehen bekamen als den dunklen Schatten Ihres Wagens und seine hüpfenden Rücklichter, wissen wir doch schon zu viel von Ihnen, um das glauben zu können. Sie haben den Hund gesehen, Sie sind auf die Bremse getreten, Sie haben den

Schlag gespürt und das Winseln gehört und dann den Schrei meiner Frau. Ihre Reflexe sind besser als Ihr Herz und stärker als Ihr Mut – das wissen wir, weil Sie rasch wieder aufs Gas traten und sich davonmachten, so schnell es nur ging."

Es stimmt, dass der Hundebesitzer kurz die Leine losgelassen hatte, als er das Gartentor schloss, und das junge Hündchen war genau in diesem Moment auf die Straße gesprungen, wo es sein Leben lassen musste. Richard machte sich wegen dieser Achtlosigkeit große Vorwürfe. Dennoch lag es in der Verantwortung des Fahrers, zumindest anzuhalten, als der Unfall geschah. Richard konnte nicht anders, als diese Weigerung mit Verbitterung zu quittieren.

In den nächsten Wochen erhielt Richard Joseph Hunderte von Kondolenzbriefen von anderen Menschen, die ihre Haustiere verloren hatten und mit ähnlichen Gefühlen von Frust, Schuld und Leere zu kämpfen hatten. Der Schlag kommt plötzlich und unerwartet, und ein Schuldiger ist oft nicht auszumachen. Es bleibt keine Zeit, sich zu verabschieden. Wer schon einmal Ähnliches erleben musste, weiß, wie sehr ein solcher Unfall uns mitnimmt.

Josephs Erfahrung hat ihn einiges über den Trauer- und Heilungsprozess gelehrt. Mit ansehen zu müssen, wie sein Welpe von einem flüchtenden Raser getötet wurde, zerstörte fast seinen Glauben an die Menschheit. Wer kann so kaltblütig und so barbarisch sein? Die Unmengen an Trost und Zuspruch fremder Menschen jedoch versicherten ihm, dass in den meisten von uns noch immer Anstands wohnt.

Der Vorfall erinnerte Joseph auch an die Notwendigkeit, ein Unglück in eine Gelegenheit umzuwandeln. "Verlust schafft Kummer", schrieb er, "Kummer wird oft genug zu verbitterter Wut, und Wut zerstört meist nicht ihr Objekt, sondern die Person, die sie verzehrt." Durch den Leserbrief gab er seiner Wut ein Ventil und trug eventuell noch dazu bei, dass Millionen Leser von da an etwas vorsichtiger hinter dem Steuer agierten. Wenn er nur einen Fahrer dazu bringen konnte, einen Unfall zu vermeiden, sei er schon zufrieden, sagte er.

Ein Brief ist ein probates Mittel, um sich etwas von der Seele zu reden. Richard Joseph war zufällig ein Reisejournalist, also ein Berufsschreiber, und er hatte die Auswirkungen seiner Botschaft gut abgeschätzt. Die meisten von uns können Worte nicht so gekonnt einsetzen, und üblicherweise ist es nicht unbedingt empfehlenswert, einen in heller Wut verfassten Brief tatsächlich abzuschicken. Aber schon das Scheiben allein, das Formulieren der eigenen Aufruhr, kann Abhilfe schaffen. Schreiben Sie einen Brief, ohne ihn abzusenden, oder erzählen Sie einfach einer Freundin, wie zornig Sie sind. Schlagen Sie auf die Matratze ein, wenn das hilft – erkennen Sie Ihre Wut an, und lassen Sie sie aus sich heraus.

Wut und Aggression sind die üblichen Folgen, wenn wir uns bei etwas hilf- und machtlos fühlen. Wir alle wollen unser Schicksal selbst aktiv in der Hand haben, und der Tod macht diesem Vorhaben immer wieder einen Strich durch die Rechnung. Wir werden ärgerlich auf unser Tier ("Warum konnte er nicht hören und musste auf die Straße rennen?"), wenden uns zornig gegen die unnötigen Versäumnisse anderer ("Ich bringe diesen Fahrer um – warum hat er nicht auf die Straße geschaut?") oder richten unsere Wut gegen Gott, der diesen Unfall einfach zugelassen hat. Eine Frau erzählte mir, dass sie nach dem Tod eines ihrer Hunde für kurze Zeit ihre anderen beiden Haustiere mit Feindseligkeit betrachtete, nach dem Motto "Warum lebt ihr beiden denn noch?". Erst als eine Freundin sie darauf aufmerksam machte, wie unfair sie zu den beiden anderen Tieren war, merkte sie, wie irrational ihre Reaktion war und dass sie eine mögliche Quelle des Trostes in dieser schweren Zeit von sich gestoßen hatte.

Doch wogegen wir auch unseren Zorn richten, das Grundmuster bleibt immer dasselbe: Wenn wir uns bedroht und gestresst fühlen, übernehmen die biologischen Reflexe und das autonome Nervensystem, das die unbewussten Organfunktionen steuert, die Regie. Die Pulsfrequenz steigt, die Atmung wird hektisch, die Muskeln bereiten sich auf eine Kampf- oder Fluchtsituation vor. Und wenn wir wütend bleiben, dann gewinnen wir die Kontrolle über die Situation leider nicht zurück. Stattdessen reagieren wir nur noch auf Ereignisse, denen wir die Entscheidungsgewalt über uns überlassen.

Wut gehört zu den vorhersehbaren Stadien der Trauer. Erst kommt der Schock, eine gewisse Betäubung, dann folgt das Ableugnen ("Das kann einfach nicht wahr sein"). Wenn die Realität den Trauernden eingeholt hat, beginnt der Trennungsschmerz. Viele Gefühle können an diesem Punkt hochkommen, denn Trauer ist ja kein einzelnes, separates Gefühl, sondern eine ganze emotionale Konstellation. Wut, Angst, Hilflosigkeit und Verunsicherung gehören zu den häufigsten Reaktionen auf einen Verlust. Dieses Leid ist unvermeidlich. Die Gefühle kommen in Wellen, oft unerwartet und nicht selten bricht ein Trauernder ganz unvermittelt in Tränen aus.

Doch wenn dieser Gefühlsfluss nicht unterbrochen oder unterdrückt wird, dann werden die Phasen der Verzweiflung immer seltener und fallen immer weniger schmerzhaft aus. Nach einer gewissen Zeit sammelt der Trauernde die Scherben wieder auf und beginnt, sein Alltagsleben Stück für Stück zu rekonstruieren. Schließlich und endlich wird er oder sie die verbleibende Energie aus der getrennten Verbindung in neue Beziehungen investieren können.

Natürlich sind die so beschriebenen Phasen nicht in Stein gemeißelt, sondern verlaufen individuell unterschiedlich. Wir alle erleben Ereignisse auf unterschiedliche Weise, und unsere Reaktionen sind alle gültig. Aber wenn wir wütend sind, kann es doch helfen zu wissen, dass das ganz und gar nicht ungewöhnlich ist. Und wenn Sie von all den Konflikten mit der Welt genug haben, ist es tröstlich zu wissen, dass dieser Gefühlstumult nicht ewig dauern wird.

Wenn etwas Schlimmes geschieht, dann ist es normal zu trauern. Aber das Leben verlangt auch, dass wir die Trauer irgendwann hinter uns lassen. Und manchmal haben wir – wie Richard Joseph – danach die Welt sogar ein kleines bisschen besser gemacht.

Schau Herr, mein Fell geht dahin in Fetzen
wie ein verschlissener alter Lappen.
Ich habe alles gegeben,
was ich an Freude hatte,
in harter Müh,
ich habe nichts für mich behalten.
Und jetzt schwankt mein armer Kopf
über der Einsamkeit meines Herzens.
Mein Gott, ich halte mich vor Dir
ganz steif auf meinen schweren Beinen:
Ich bin Dein unnützer Knecht.
Ach! Gib mir am Ende in Deiner Güte
einen sanften Tod.
Amen!

Carmen Bernos de Gasztold,
Gebete aus der Arche, »Alter Gaul«

6. Ein guter Tod

Der Tod kann sich durch Unfälle ereignen, doch oft wird er auch bewusst als Ausweg gewählt, als Akt der Gnade gegen Menschen und Tiere. Dennoch, selbst wenn der Tod herbeigesehnt wurde, fällt es den Hinterbliebenen selten leicht, damit umzugehen.

Eine Bekannte hat vor kurzem ihren Vater verloren, um dessen Gesundheit es seit Jahren nicht zum Besten stand. Er litt an Alzheimer und Diabetes sowie an zahlreichen anderen Erkrankungen, sodass er zuletzt nur noch künstlich durch Geräte am Leben erhalten wurde. Es gab keine Hoffnung auf Besserung. Unweigerlich kam also der Tag, an dem seine Familie entschied, sein Leiden zu beenden und die Maschinen abzuschalten.

Sie hätte den Tod in diesem Fall zu recht als Befreiung betrachten können. Seine Zeit war eindeutig gekommen. Dennoch war es für meine Bekannte sehr belastend und schmerzlich, am Bett ihres Vaters zu sitzen und zu beobachten, wie sein Blutdruck auf den Monitoren langsam auf null abfiel. Der ihr am nächsten stehende Mensch hatte sie für immer verlassen. Mit ihm war ein wichtiger Teil ihrer eigenen Geschichte Vergangenheit.

Selbst wenn der Tod bewusst gewählt wird, ist er nicht frei von Kummer und Bedauern. Wenn wir uns entscheiden müssen, ein Haustier einschläfern zu lassen, macht uns dieselbe Gefühlsmischung zu schaffen; dieselben Fragen quälen uns: "Tue ich das Richtige? Gibt es eine realistische Alternative? Was würde ich wollen, wenn ich so krank und geplagt wäre wie dieses Tier und die Entscheidung nicht selbst fällen könnte?" Wenn ein Tier chronische Schmerzen hat oder sich kaum noch bewegen kann, dann kann es all die Dinge, die ihm einst Freude gemacht haben, nicht mehr tun. Uns wird klar, dass seine Lebensqualität drastisch eingeschränkt ist. Dennoch ist es sehr schwer oder auch ganz unmöglich nachzuvollziehen, wie eine Krankheit aus Sicht des Tieres erlebt wird. Tiere empfinden zweifelsfrei Schmerz, doch leiden sie auch die seelische Not, die wir Menschen mit schwindender Gesundheit verbinden? Wann sollen wir eine ärztliche Behandlung fortsetzen, und an welchem Punkt verlangt uns der Kampf endgültig zu viel ab, finanziell und emotional? Auf diese Fragen gibt es keine präzisen Antworten; wir müssen uns auf unser eigenes subjektives Urteilsvermögen verlassen.

Ist die Entscheidung für die tödliche Spritze gefallen, können wir einiges tun, um das Unvermeidliche – sowohl für uns als auch für unsere Tiere – etwas erträglicher zu machen. Zum Zeitpunkt des Todes selbst bei dem Tier zu sein, ist wichtig. Denn auch wenn es hart ist, das Tier sterben zu sehen, ist es doch noch schwieriger, mit den unbeantworteten Fragen zu leben: Ging es schnell? Verliefen die letzten Augenblicke friedlich oder voller Spannungen?

Für manche Menschen ist der Gedanke daran, ihrem geblieben Haustier beim Sterben zusehen zu müssen, unvorstellbar grausam. Und in einigen Fällen bittet der Tierarzt sie vielleicht, den Raum zu verlassen; denn die Vene in einem kleinen Körper zu finden, der kaum noch einen Pulsschlag hat, kann knifflig sein, wenn eine überbesorgte Besitzerin danebensteht. In den meisten Fällen dürfen die Menschen ihren Tieren jedoch bis zum letzten Moment Nähe und Trost spenden – dank eines gestiegenen Bewusstseins für die emotionalen Bedürfnisse der Tierhalter.

So wie immer mehr Menschen es vorziehen, in den eigenen vier Wänden zu sterben anstatt in der unpersönlichen, fremden Atmosphäre eines Krankenhauses, wird auch Tieren dieser Wunsch von einigen Tierärzten zugestanden, und sie machen Hausbesuche für die Einschläferung. Sehr gute Freunde von mir haben mich einmal gebeten, dabei zu sein, als ihr sehr alter Hund Ben eingeschläfert werden musste. Der große schwarze Labrador hatte oft im Park oder am Strand mit Chinook gespielt, und ich sagte selbstverständlich zu. Wir sprachen einige Gebete und rezitierten Gedichte, während ein gemeinsamer Freund dazu leise Gitarre spielte. Als alles vorüber war, trug die Familie Ben auf seiner Decke hinaus in sein Grab im Garten. Es war ein sehr sanfter

Abschied, den wir absichtlich so gestaltet hatten, damit er auch sanfte Erinnerungen hervorrufen würde. Der Tod muss nicht hart und unerbittlich sein.

Eine Warnung: Die letzten Momente im Leben können unschön sein. Die erschlaffenden Muskeln in Blase und Darm können zu Urin- und Fäkalentleerungen führen. Der Körper wird in manchen Fällen nicht einfach schlaff, sondern zuckt zuvor noch konvulsivisch, was wie ein schweres Ringen mit dem Tod wirkt. In Wahrheit handelt sich dabei nur um unbewusste Reflexe, denn das Tier nimmt schon lange nicht mehr bewusst wahr, was geschieht. Doch für Tierhalter kann der Anblick verstörend wirken. Es ist also ratsam, sich so gut es geht vorzubereiten und den Abschied vom Haustier wenn irgend möglich auch ästhetisch zu gestalten.

Auch wenn uns die Wache am Sterbebett unseres Tieres beunruhigend erscheinen mag, sollten wir ihm doch zumindest um seinetwillen unsere beruhigende Nähe nicht entziehen. Wir können unserem Tier den Übergang in den Tod durchaus erleichtern. Niemand weiß genau, wie viel ein Hund oder eine Katze tatsächlich von dem, was wir ihnen sagen, verstehen (vermutlich viel mehr, als wir glauben), aber wenn wir leise mit dem Tier sprechen und in beruhigendem Tonfall beschreiben, was es erwartet – nur ein kleiner Pieks, dann Schlaf und die Erlösung von allen Schmerzen, danach die endgültige Ruhe für den geschundenen müden Körper –, dann versteht es ganz sicher auch die Botschaft unserer Worte.

Ich spreche so auch aus weit geringerem Anlass mit meinem Hund. Schon wenn ich weiß, dass ich vorübergehend die Stadt verlassen muss, sage ich ihm, wohin ich fahre, wie lange ich fort sein werde und wer sich um ihn kümmern wird, bis ich zurück bin. Ob er die Details mitbekommt, ist nicht so wichtig, solange ich die Gewissheit habe, dass ich mein Bestes gegeben habe, um ihn nicht zu beunruhigen. Er scheint nach diesen Gesprächen immer recht gelassen.

Der Tod bedeutet zwar eine Trennung für lange und nicht nur für ein paar Tage – dennoch greift dasselbe Prinzip. Wir können unseren Tieren leise erklären, dass ein Ort ohne Mühsal und Leid auf sie wartet. Wir können ihnen sagen, wie viel sie uns bedeuten und dass wir sie immer im Herzen bewahren werden. Wir können sie streicheln und vielleicht in den Arm nehmen. Wir können durch unsere Gesten und unseren Tonfall unsere Liebe für sie ausdrücken und ihnen bedeuten, dass sie die Freiheit haben sollen, nach ihrer eigenen Körperuhr zu gehen oder zu bleiben, ohne dass wir sie künstlich zum Gehen oder Bleiben zwingen. Sie werden dann wissen, dass wir bis zum Ende bei ihnen bleiben und dass sie nichts zu befürchten haben.

Die wenigsten Menschen können sich vorstellen, wie viel Tiere tatsächlich von solch metaphysischen Dingen verstehen. Das wurde mir nach einem Gespräch mit Dawne klar, einer Tierarzthelferin mit Abschluss in Zoologie und langjähriger Erfahrung in der Arbeit mit Tieren. Als ihr Pferd Hastings eingeschläfert werden musste, ging sie damit sehr planvoll und umsichtig um. Sie lud ihre Freunde ein, um mit ihnen einen Kreis der Unterstützung zu bilden. Es ist übrigens eine hervorragende Idee, andere zu bitten, einem bei dieser schwierigen Aufgabe beizustehen. Als alle da waren, führte sie das geschwächte Pferd durch eine letzte Dressur-Routine, die in den Tagen seiner Jugend Hastings' ganzer Stolz gewesen war. Dawne sprach die ganze Zeit beruhigend auf den alten Wallach ein und versicherte ihm, wie gern sie ihn hatte. Danach begab sich die ganze Gesellschaft auf eine Weide, in der die Erde schon ausgehoben worden war.

Es war ein harmonischer Abschied, der gut geplant und sehr sanft vonstattenging, ein so natürlicher Übergang, wie eine Welle, die vom Meer an den Strand gespült wird. Als Dawne danach in den Stall zurückkam, begannen die anderen Pferde leise zu wiehern – so wie sie vielleicht ein Fohlen in Not trösten würden. Anscheinend wussten sie recht gut, dass Dawne jetzt Zuspruch brauchte, und wollten sich vielleicht sogar gegenseitig trösten.

Die meisten Lebewesen besitzen einen angeborenen Überlebensinstinkt, der sie sich bis zum Äußersten ans Leben klammern lässt. Viele aber haben andererseits auch ein untrügliches Gespür dafür, wann es Zeit ist, sich in das unvermeidliche Ende zu fügen.

Eine solche Geschichte hat mir eine Bekannte von ihrer Stute Kalea erzählt. Das Pferd hatte sich 15 Jahre lang bester Gesundheit erfreut und war eigentlich erst im mittleren Alter, als sie ernsthaft an einer Pflanzen-vergiftung erkrankte, die ihre Leber zunehmend schädigte. Sie war davon so geschwächt, dass sie es kaum wagte, sich hinzulegen, weil sie ahnte, dass sie nicht wieder würde aufstehen können. Eine Zeit lang hatte sie es widerstandslos zugelassen, dass der Tierarzt ihr jeden Tag einen Schlauch durch die Nase einführte, um ihr Nahrung und Medikamente zu verabreichen. Doch dann kam der Tag, an dem Kalea sich gegen ihre sonstige Gewohnheit weigerte. Man hätte die geschwächte Stute sicher zwingen können, doch ihre Besitzer beschlossen, den Wunsch des Tieres zu respektieren. "Wir wussten beide, dass ihre Zeit nahte, und Kalea wollte uns deutlich mitteilen, dass sie nun dazu bereit war", sagte meine Bekannte.

Kalea ging auf zittrigen Beinen zu ihrem Unterstand, wo sie sich am sichersten fühlte, und legte sich diesmal nieder, ohne zu zögern. Kalea war bereit. Sie wehrte sich nicht im Geringsten gegen das Beruhigungsmittel oder die blaue Spritze, die ihr den willkommenen Tod brachte. In ihren Augen stand keine Angst, ihr Verhalten blieb vertrauensvoll und entspannt. "Am letzten Tag ihres Lebens", so ihre Besitzerin, "traf Kalea selbst die Entscheidung." Eine echte Lektion, wie wir dem Tod mit Würde und Mut begegnen können.

Ich kenne auch eine Tierärztin mit einer Kleintier-praxis in New York. Sie ist fest davon überzeugt, dass die meisten Tiere wissen, wann ihre Zeit gekommen ist. Sie sind ganz klar reisefertig. Diese Meinung teilt auch

Connie Howard, die unserer örtlichen Humane Society vorsteht. Sie erzählte mir, mitten im bitterkalten Vermont-Winter habe ihre Katze sich unerklärlicherweise draußen unter der Veranda versteckt – was sie sonst bei diesen Temperaturen niemals tat. Connie hatte gar nicht gemerkt, dass das Tier krank war. Aber die Katze, die an einer Nierenerkrankung im Endstadium litt, wusste sehr genau, was vor sich ging. Sie tat ihr Bestes, um unbehelligt zu sterben.

Allzu oft sind es leider die Menschen, die nicht bereit für diesen letzten Schritt sind, der ihre leidenden Tiere erlösen würde. Manche bestehen auf einem "natürlichen" Tod, ohne dass ihnen offenbar allzu klar ist, wie unglaublich qualvoll sich ein solcher natürlicher Tod hinziehen kann. Erst wenn sie nicht mehr ertragen können, wie grausam die Natur sich vor ihren eigenen Augen gebärdet, rufen sie nachts den Tierarzt an, um das Tier zu erlösen – vielleicht zu spät.

Das kann man ihnen allerdings kaum übel nehmen. Absichtlich das Leben eines Lebewesens zu beenden, ist die vermutlich schwerste Entscheidung, die viele von uns je treffen müssen. Leider führt das nervlich bedingte Zögern oder eben auch der falsche Optimismus vieler Tierhalter zu einem wesentlich qualvolleren Tod ihres Tieres, als nötig gewesen wäre.

Der Begriff *Euthanasie* bezeichnet ursprünglich einen "guten Tod". Und auch wenn der Tod so gut wie immer unerwünscht und viel zu oft zu früh kommt, ist es doch meine tiefe Überzeugung, dass er sich sanfter abspielen und mehr sein kann als nur ein schweres Ende des Lebens. In sehr vielen Fällen ist das Einschläfern in meinen Augen eine intelligente Lösung, die völlig unnötigen Schmerzen ein berechtigtes Ende bereitet. Es kann dafür sorgen, dass die letzten Augenblicke, die wir mit unserem Haustier verbringen, friedlich und ruhig statt panisch und gequält ablaufen.

Still schleckt er seine helle Pfote,

Celestino, der glorreiche Bote

aller schönen Dinge, die Gott schuf.

Doch unser Kater übertrifft sie alle,

Gold noch und Eisen und die Koralle!

Die Nuss, der Pfirsich, Apfel und Granit

sehen sehr schön aus, wenn man sie so sieht,

doch unser Kater übertrifft sie alle.

John Gittings, acht Jahre, »Der Kater«

7. Von Kindern und Tieren

Als ich fünf Jahre alt war, starb mein Vater. Obwohl ich meinen Kummer noch nicht in Worte fassen konnte, überwältigte mich die Trauer brutal. Ich weiß noch, wie sich der Kloß in meinem Hals anfühlte, wenn andere Kinder von ihren Vätern erzählten – es war eine ständige Erinnerung an das unfassbare Unglück, das mich befallen hatte. Ich wünschte, die Erwachsenen hätten sich damals mehr Zeit genommen, um mir dabei zu helfen zu verstehen, was geschehen war. Damals aber glaubte man noch, man könne Kinder vor verstörenden Ereignissen "beschützen", wenn man sie mit einer Mauer des Schweigens umgab. Manche gaben mir kindische Auskünfte, die nur noch mehr Fragen aufwarfen, wie die meiner Erzieherin im Kindergarten, die zu mir sagte: "Gott braucht deinen Vater im Himmel mehr als auf der Erde." Als Vater und Geistlicher bin ich heute der Überzeugung, dass wir unseren Kindern am besten bei der Bewältigung des Todes helfen, indem wir offen und ehrlich mit ihnen darüber sprechen. Diese Regel gilt ebenso für den Verlust eines Menschen wie für den eines Haustiers.

Die meisten Kinder stellen die intelligentesten und sinnvollsten Fragen, wenn sie das Gefühl haben, sie dürfen das gefahrlos tun. Doch Erwachsenen fehlen oft die passenden Antworten, entweder aus der eigenen Unsicherheit heraus oder aus einem falschen Verständnis vom "Schutz" ihrer Kinder vor der harten Wirklichkeit. Doch es ist immer der beste Weg, Kindern die Wahrheit zu sagen. Denn wenn sie spüren, dass Erwachsene ihnen ausweichen, bekommen sie das Gefühl, ihre Frage sei zu angsteinflößend oder gefährlich, um darüber zu sprechen. So werden ihre Ängste und Sorgen nur vervielfacht. Ein offenes Wort in sanftem Ton kann hingegen schon viel Beruhigung bringen.

Wir sollten immer auf die "Frage hinter der Frage" lauschen, die Kinder stellen. "Warum ist meine Katze gestorben?" kann eine simple Bitte um Auskunft sein; die Benennung der Krankheit reicht dann schon völlig aus. Doch in derselben Frage können Themen wie Schuld und Trennungsangst mitschwingen ("Bin ich daran schuld? Muss ich auch sterben?"); und dann braucht ein Kind viel Verständnis und emotionale Unterstützung. Wenn das betreffende Kind das Grundschulalter noch nicht überschritten hat, ist es unwahrscheinlich, dass die Frage nach dem Grund des Todes eines Haustiers auch philosophische Dimensionen besitzt. Solch abstrakte Gedankengänge sind kleineren Kinder in der Regel noch fremd. Wenn ein Kind uns nach dem Tod fragt, sollten wir also immer gut überlegen, was es wirklich meint, und uns die nötige Zeit nehmen, um zu antworten.

Wann immer es möglich ist, halten wir uns am besten an die Fakten. Eine Erklärung, dass ein totes Haustier nichts mehr sieht, hört oder fühlt und sich nie wieder bewegen wird, ist angebracht. Dass es nicht länger leiden muss. Euphemismen wie "Wir haben es einschläfern lassen" ohne eine entsprechend deutliche Erklärung bergen die Gefahr, dass ein Kind sich verwirrt fragt, ob es abends noch schlafen gehen darf, ohne Angst haben zu müssen, am nächsten Morgen vielleicht nicht mehr aufzuwachen. Wenn eine Krankheit als Ursache erklärt wird, müssen wir dazusagen, dass Krankheiten nicht automatisch zum Tod führen, sonst bekommt ein Kind womöglich Angst, dass seine nächste Erkältung schlimm enden wird. Es ist absolut vertretbar, Kindern zu sagen, dass zwar alle Lebewesen einmal sterben müssen, dass Kinder sich darüber aber noch sehr, sehr lange keine Sorgen zu machen brauchen.

Kleine Kinder verstehen die Unwiderruflichkeit des Todes oft noch nicht. Sie tragen sich vielleicht mit Auferweckungsideen oder fragen sich, ob sie selbst am Tod ihres Tieres schuld seien. Im Grundschulalter stellen sich Kinder den Tod oft als konkretes Bild in Gestalt eines Monsters oder Gespensts vor und haben Angst, dass dieselbe Schreckgestalt auch sie holen könnte. Ihnen allen helfen direkte, aufrichtige Antworten mit konkreten Auskünften am meisten, um zwischen Realität und Fantasie zu unterscheiden.

Darüber hinaus brauchen Kinder ausreichend Gelegenheit, ihre Gefühle auszudrücken. Für einige von ihnen mag der Verlust eines Haustiers unerheblich sein, für andere aber bedeutet er ein gravierendes Trauma. Es ist nicht immer leicht zu erkennen, wie tief ein Kind tatsächlich getroffen ist, da Kinder meist in rasch wechselnden Phasen trauern. Die Tränen versiegen anfangs rasch, um augenscheinlicher Alltagsform Platz zu machen, doch sie kehren immer wieder mit Macht zurück, wenn das Kind müde oder angegriffen ist, im Bett liegt oder Angst bekommt. Wir können für gewöhnlich davon ausgehen, dass ein Kind beim Tod seines Haustiers aus dem Gleichgewicht gerät – auch wenn äußere Anzeichen der Trauer nicht offensichtlich werden. Professoren, die sich mit Studien zu dem Thema befassen, erklären, dass junge Menschen den Verlust ihres Tieres oft als die traurigste Erfahrung ihres ganzen Lebens einordnen.

Es kommt auch vor, dass Kinder den Tod von Tieren betrauern, die ihre Eltern nicht einmal kannten: eine Kröte aus dem Nachbargarten oder ein anderes "Wildtier", zu dem das Kind im Geheimen eine Verbindung geknüpft hatte. Die Religionserzieherin an unserer Kirche erinnert sich noch daran, wie sie als kleines Mädchen derlei "inoffizielle Haustiere" betrauerte. Sie betrieb mit ihren Freundinnen einen kleinen Tierfriedhof im Wald, wo sie tote Würmer, Vögel und andere Kleintiere begruben. Sie weiß noch, dass die Gräber halbmondförmig angeordnet waren und dass sie Begräbniszeremonien für die Toten abhielten. Durch solche Rollenspiele können Kinder ihren Fantasien und Ängste über das Ende des Lebens einen spielerischen Ausdruck geben. Oft genug erscheinen diese Ängste ihnen zu heftig und bedrohlich. Sie lauern dann unterdrückt in ihrem tiefsten Innern und zeigen sich nur in Form von besonderer Weinerlichkeit oder Anhänglichkeit, bis das Kind alt genug ist, um damit umzugehen.

So erging es auch der Sterbeforscherin Elisabeth Kübler-Ross, die mit ihrer Arbeit mit Sterbenden berühmt wurde. Als sie ein Kind war, hielt ihre Familie einige Kaninchen, denen Elisabeth sich besonders verbunden fühlte, da sie als eines von drei Drillingskindern häufig das Gefühl hatte, ihre Eltern hätten nicht genug Zeit für sie. Tatsächlich schien es, als seien die Kaninchen die Einzigen, die Elisabeth überhaupt von ihren zwei Schwestern unterscheiden konnten. Da Elisabeth die Kaninchen täglich fütterte, kannte sie ihre Eigenarten und wohl auch ihren Geruch gut genug, um sie sicher zu erkennen.

Eines Tages gab Elisabeths Vater ihr den Auftrag, eines der Kaninchen zum Schlachter zu bringen; es sollte als Sonntagsbraten für die Familie herhalten. Ein halbes Jahr später wiederholte er die Anweisung, und auch noch ein weiteres Mal landete ein Kaninchen auf der Sonntagstafel. Schließlich war auch Blackie, Elisabeths Liebling, an der Reihe. Verzweifelt ließ das Mädchen das letzte Kaninchen aus dem Stall und drängte es fortzulaufen, doch Blackie wollte ihre kleine Herrin nicht verlassen. Schließlich führte Elisabeth den grausamen

Befehl aus und trat den Trauergang mit dem Kaninchenfleisch nach Hause an. Der Schlachter hatte ihr gesagt, es sei eine Schande gewesen, das Tier zu töten, denn Blackie hätte in ein paar Tagen Junge bekommen.

Der Schock, die Schuld und die Trauer lasteten so schwer auf Elisabeth, dass sie noch jahrzehntelang jede Erinnerung an den Vorfall verdrängte. Erst als Erwachsene, nachdem sie Hunderten tödlich erkrankten Menschen durch ihre letzten Phasen des Nichtwahrhabenwollens, Zorns, Verhandelns, der Depression und der Zustimmung begleitet hatte, brachte sie die Kraft auf, ihre eigene Ableugnung zu überwinden und den Zorn zu akzeptieren, der so viele Jahre in ihr geschlummert hatte.

Glücklicherweise bleibt den meisten Menschen ein solch grausamer Verlust und ein solch unsensibles Handeln ihrer Eltern erspart. Doch wenn ein Tier stirbt, bekommen doch viele von ihnen den Schock, den Zorn, die Schuld und die Trauer zu spüren, die auch den Verlust eines nahen Menschen begleiten, selbst wenn sie weder den Tod wirklich verstehen noch all ihre Gefühle benennen können. Weil sie ihre Trauer phasenweise erleben und die Gefühle so lange unterdrücken, bis sie sich sicher dabei fühlen, sie auszudrücken, kann es Jahre dauern, bis ein Kind einen Todesfall verarbeitet hat. Seine Wirkung kann in Zeiten intellektueller und emotionaler Herausforderung oder Weiterentwicklung immer wieder zutage treten. Wir dürfen nie vergessen, dass das, was uns minder wichtig oder trivial erscheinen mag, aus der Perspektive eines Kindes von enormer Bedeutung und von großem Gewicht für es sein kann.

Die meisten Kinder verbinden mit Haustieren ein Gefühl von Zuneigung und Entzücken. Menschenkinder verstehen die Welt der Tiere zwar auch nur teilweise, aber sie haben ein sicheres Gespür und sehr viel Wertschätzung dafür. Wie sehr die Welt eines Kindes von der meinen abweicht, wurde mir erst letzten Sommer wieder klar, als jedes meiner beiden sechsjährigen Kinder einen Goldfisch hatte. Sie hatten ihn auf dem Land-Jahrmarkt gewonnen, indem sie Tischtennisbälle in ein leeres Goldfischglas warfen. Sie hatten darauf bestanden, mit ihrem Taschengeld dort teilzunehmen und sich gegen all meine elterlichen Warnungen, dass man Tiere nicht als Preise ausgeben sollte, durchgesetzt. Für mich waren die Fische hauptsächlich ein Ärgernis, das gebe ich zu. Als wir Netze, Fischfutter und alles notwendige Zubehör erstanden hatten, hatten mich die "Preise" schon etwa zwanzig Dollar gekostet.

Meinen Vorhersagen gemäß und entgegen unseren Bemühungen, die Fische am Leben zu halten, starben beide nach ein paar Tagen und wurden in einer Gartenecke unter der Wäscheleine mit zwei kleinen Kreuzen beigesetzt. Was mich sehr überraschte, war, dass die Kinder noch monatelang von diesen Goldfischen sprachen. Die Bilder, die meine Tochter in der Schule malte, stellten alle an irgendeiner Stelle Rosie dar (ihr bevorzugter Namen für all ihre Favoriten aus dem Tierreich), und in einem kurzen autobiografischen Aufsatz, den mein Sohn ein Jahr später schrieb, widmete er den Fischen wesentlich mehr Zeilen als seinen Großeltern, der Sonntagsschule, dem Sport oder irgendetwas anderem, das ich für viel wichtiger gehalten hätte. Und an einem Abend im nächsten Frühjahr fand ich zwei zarte Apfelblüten auf den Fischgräbern. Anscheinend waren die Goldfische, die für alle anderen nur lästig gewesen waren, für die Kinder so etwas wie Symbole fürs Leben selbst: Embleme der Vergänglichkeit und Transzendenz, für die sie nicht die angemessenen Worte formen konnten, die sich aber in ihren Köpfen mit Macht eingenistet hatten.

Wie können wir uns besser in die innere Welt eines Kindes voller namenloser Ängste und halb umgesetzter Vorstellungen hineinversetzen? Es gibt glücklicherweise Wege, auf denen Erwachsene den Kindern helfen können, auf ihre eigene Weise mit den Ereignissen fertig zu werden. Zum Beispiel die folgenden:

- EINE ZEREMONIE ABHALTEN. Lassen Sie die Kinder eine Bestattungsfeier für das Tier mitplanen. Besprechen Sie, wo die Überreste begraben werden sollten. (Die behördlichen Vorschriften hierfür sollten beachtet werden.) Stellen Sie dort ein Grabkreuz oder einen Stein auf, und schmücken Sie das Grab mit Blumen. Alle Menschen schätzen die Möglichkeit, zur Zeit des endgültigen Abschieds ihre Zuneigung und ihren Respekt für andere ausdrücken zu können.

- EIN BUCH VORLESEN. Es gibt einige hervorragende Bilder- und Vorlesebücher zum Thema. Bitten Sie gegebenenfalls in der Buchhandlung oder der Bücherei um passende Empfehlungen für die Altersgruppe Ihres Kindes.

- EINEN TRAUERSPRUCH VERFASSEN. Ein Fünfzeiler nach Cinquain-Vorbild eignet sich gut, um das Leben des Tieres zu würdigen. Ein solch simples Gedicht entsteht nach folgender Formel: 1. Ein Substantiv, das das Thema bestimmt. 2. Zwei Adjektive, die das Hauptwort beschreiben. 3. Drei Verben, die beschreiben, was das Substantiv aus der ersten Zeile tut (beziehungsweise tat). 4. Ein kurzer zusammenfassender Satz. 5. Noch einmal das Substantiv aus Zeile eins. Hier ein Beispiel für den verstorbenen Kater Sammy:

    > Sammy
    >
    > schlank, leichtfüßig
    >
    > lauert, springt, erhascht
    >
    > Nie wird es einen Zweiten geben.
    >
    > Sammy

- EIN BILD ODER PLAKAT MALEN. Schlagen Sie Ihrem Kind vor aufzumalen, was es am meisten an dem verstorbenen Tier mochte. Mit Bunt- oder Filzstiften oder Wasserfarbe kann ein Kind gut Gefühle wiedergeben, die es nicht in Worte fassen kann.

- LEHRKRÄFTE UND ERZIEHER/INNEN INFORMIEREN. Auch für Kinder ist Kummer leichter zu ertragen,

wenn er bekannt ist und andere ihn teilen. Erzie-
her/innen, Lehrer/innen und Klassenkameraden
sollten Bescheid wissen und gegebenenfalls trösten
können.

• ZUBEHÖR SPENDEN. Wenn Ihr Kind einverstanden
ist und Sie eine geeignete Adresse kennen, spenden
Sie die Futternäpfe, Leinen und anderes Zubehör
in gutem Zustand anderen Tierhaltern oder einem
Tierheim. Es ist ein Trost zu wissen, dass der Tod
des geliebten Tieres anderen Wesen etwas Gutes
hinterlassen hat.

Viele Eltern sind versucht, einem trauernden Kind
das verstorbene Haustier so schnell wie möglich zu er-
setzen. Doch niemand sollte so eine Entscheidung treffen, ohne alle Personen, die mit dem Tier umgegangen
sind, mit einzubeziehen. Niemals sollte ein Kind das
"Ersatztier" unvorbereitet als Überraschung erhalten.
Das Kind muss erst ganz klar bereit sein, eine neue Bindung einzugehen. Dafür sollte es den Zeitpunkt selbst
bestimmen.

Wie sonst auch ist es am besten, hier das offene Gespräch zu suchen. Wir können unsere eigene Unsicherheit ebenso wie das, was wir über den Tod zu wissen
glauben, aufrichtig mitteilen. Ehrliche Fragen verdienen
auch ehrliche Antworten. Und wenn wir mit Kindern
das Ende des Lebens offen besprechen, helfen wir ihnen,
Vertrauen in die Mysterien des Lebens zu fassen.

Wenn ich verzweifle an der Welt
und nachts beim leisesten Geräusch erwache
aus Angst um mein und meiner Kinder Leben,
dann gehe ich dorthin, wo der Brauterpel
in seiner Schönheit auf dem Wasser ruht und wo
der Silberreiher fischt.
Dann finde ich den Frieden wilder Wesen,
die ihr Leben nicht mit Sorgen belasten.
Ich lasse mich vom stillen Wasser betören
und spüre über mir die tagesblinden Sterne,
die mit ihrem Licht warten. Ich ruhe eine Weile
in der Erhabenheit der Welt und bin frei.

Wendell Berry, »The Peace of Wild Things«

8. Sprich zur Erde

Wenn mich Lasten und Sorgen plagen, bringt mir die freie Natur oft Erleichterung. Am Ufer des Sees bei unserem Haus spazieren zu gehen, wo das Wasser tief und still ist, hilft mir, den Alltag auszublenden und unter die angstbehaftete Oberfläche meines Lebens zu tauchen. Die wunderbare Ruhe dort erfrischt meine Seele. Das sanfte Leuchten in den Baumwipfeln entfacht meinen Geist. Wenn ich das Leben einmal wieder unfair finde und anklagend frage "Warum ich?", finde ich im Freien eine wortlose Antwort. Ich weiß, dass ich damit nicht alleine bin. Das Thema findet sich in einigen Klassikern der Weltliteratur, unter anderem auch in der Bibel im Buch Hiob.

In dieser Geschichte geht es darum, wie ein Mann mit seinem Unglück umgeht. Hiob wird ohne eigene Schuld von einer ganzen Serie an Schicksalsschlägen heimgesucht. Erst verliert er sein Vieh, dann sterben seine Frau und seine Kinder, und schließlich lässt ihn auch noch die eigene Gesundheit im Stich. Einst ein

Mann von Rang und Wohlstand, wird er nun zum Objekt des Mitleids und auch des Spottes seiner Nachbarn. Wutentbrannt fragt Hiob, warum ihn das Leben so schlecht behandelt. Wo bleibt die Gerechtigkeit, wenn so viel Böses einem unschuldigen Mann widerfährt? Hiob wünscht sich, mit dem Herrn sprechen und sein Recht einzufordern zu können.

Auftritt dreier wohlmeinender, aber völlig unsensibler Freunde des Hiob. Was sagt man zu jemandem, der sein Haus, sein Einkommen, seine Familie verloren hat, der mit Beulen bedeckt auf einem Aschehaufen sitzt und seine nässenden Wunden mit einem kaputten Topf kratzt? "Ich weiß, was du durchmachst" ist vielleicht nicht die beste Idee. Auch wenn es nicht leicht ist, Worte zu finden, die jemandem Trost spenden, der einen schlimmen Verlust erlitten hat, lassen sich doch bestimmte Fehlgriffe vermeiden. Gute Ratschläge ("Nimm's nicht so schwer"), den Schmerz herunterspielen (bei toten Haustieren "Es war doch nur ein Tier") oder falsche Heiterkeit heraufbeschwören ("Alles hat sein Gutes", "Es war Gottes Wille") helfen nicht und kommen auch nicht gut an. Hiobs Freunde machen all diese Fehler – und noch mehr. Sie sind kein großer Trost für einen Menschen, der Mitgefühl braucht statt Kritik und eine Schulter zum Anlehnen statt Vorhaltungen.

Während Hiobs Nachbarn ihn so missachten, beklagt er sich weiterhin fortwährend bei Gott: "Ach, dass ich wüsste, wie ich ihn finden und zu seinem Thron kommen könnte! So würde ich ihm das Recht darlegen und meinen

Mund mit Beweisen füllen!" (Hiob 23, 3-4) Hiob zählt
seine Klagen auf und verlangt, dass Gott ihm eine Erklärung für diese Welt gibt, die aus menschlicher Sicht oft
genug sehr schlecht organisiert erscheint. Und Hiobs
Wunsch wird erfüllt. Der allmächtige Herrscher über
Himmel und Erde tritt tatsächlich auf den Plan.

Gott fordert Hiob auf, die Wunder der Natur zu be-
staunen: die frostigen Schätze aus Hagel und Schnee, die
verborgenen Quellen von Regen und Wind, die Wolken-
türme und Sternbilder in der Höhe. Vor allem aber
macht Gott Hiob auf die erstaunlichsten Wesen des
Tierreichs aufmerksam: auf die Bergziege, den Wildesel
und den Vogel Strauß, die frei ihr Terrain durchstreifen,
auf den Ochsen und den Hengst in all ihrer Kraft, auf
das Krokodil und das Nilpferd in ihrer furchtlosen Wildheit. "Fliegt der Falke empor dank deiner Einsicht und
breitet seine Flügel aus, dem Süden zu?", fordert Gott
Hiob heraus (Hiob 39, 26). "Fliegt der Adler auf deinen
Befehl so hoch und baut sein Nest in der Höhe?" Die
letzten Kapitel des Buchs Hiob beschwören einige der
intensivsten Bildwelten religiöser Schriften weltweit herauf
– Bilder von einer wilden und freien Welt, durchdrungen
von der Energie der Schöpfung.

Das Buch Hiob ist auch deshalb so interessant, weil
es die längste Offenbarung in der Bibel darstellt – einen
Moment, wenn das Göttliche sich in all seiner Pracht
einem Betrachter offen zeigt. Gott erscheint auf diesen
Seiten in einer ganz ungewohnten Rolle: nicht als Au-
torität, die alle Antworten bereithält, sondern als einer,

der ausfragt und nachforscht und uns oft vor scheinbar unlösbare Rätsel stellt. "Wo warst du, als ich die Erde gründete?", fragt der Allmächtige. (Hiob 38, 4) "Ich will dich fragen, lehre mich!"

So wie Hiob fühlen auch wir uns, wir stehen vielleicht vor einem Berg unbeantworteter Fragen, wenn wir einen Verlust erleiden. Gibt es eine Art unsichtbarer Energie hinter Ereignissen, die so zufällig und unzusammenhängend scheinen? Sollen wir etwas daraus lernen? Wo finden wir neue Hoffnung? Die Unsicherheiten rund um das Thema "Tod" sind universell, und es gibt darauf, wie wir im Buch Hiob lesen, keine einfachen Antworten. Aber das Nichtwissen kann (paradoxerweise) gerade ein Tor zum Wissen öffnen. Die Fragen führen uns Stück für Stück auf eine Bedeutungssuche, die an sich schon heilsam für uns verlaufen kann.

So erhält Hiob seine Antworten, nur nicht so wie erwartet. Er erhält keinerlei Ausgleich für seine traurigen Verluste und keine logische Antwort auf seine Frage. Stattdessen reißt ihn ein spirituelles Erlebnis mit sich, das er durch eine Begegnung mit der Herrlichkeit der Natur findet. "Ich hatte von dir nur vom Hörensagen vernommen", sagt Hiob im letzten Kapitel zu Gott, "aber nun hat mein Auge dich gesehen." (Hiob 42, 5) Nicht durch rationale Argumente, sondern durch ständige Perspektivwechsel gelingt es Hiob, die Poesie des Lebens wieder schätzen zu lernen.

Die Heilung ist manchmal so nah wie der Boden unter unseren Füßen. Das ist eine Lektion, die ich vom

Buch Hiob gelernt habe. So wie Hiob können auch wir nach oben schauen zu den Plejaden oder zu Orion oder zum großen Bären mit seinen Jungen, und vielleicht erhaschen wir einen winzigen Blick auf die Unendlichkeit. Am Meeresufer spüren wir Kräfte, die so enorm und so wenig greifbar sind, dass unsere eigenen Schwierigkeiten im Vergleich dazu verblassen. Untersuchungen haben ergeben, dass Patienten mit Krankenzimmern, deren Fenster den Blick auf Bäume, Gras und Vögel lenken anstatt auf Asphalt und Beton, sich früher erholen und mit weniger Schmerzmittelgaben auskommen. Die Natur hält Heilkräfte bereit, die unseren Körper, unser Herz und auch unseren Geist stärken.

Daran hat mich vor einigen Jahren ein Erlebnis erinnert, als ich mit einer Gruppe Männer und Frauen trainierte, die sich als Freiwillige um die Sterbenden und die Trauernden in unserem Hospiz kümmern wollten. Spiritualität war das Motto des Tages; und der Lehrer führte es ein, indem er jeden von uns auf die Frage antworten ließ: "Wodurch erhebt sich dein Geist über uns?" Es waren etwa 20 Menschen dabei, Quäker, Katholiken, Juden und Menschen ohne Religionszugehörigkeit. Doch trotz der Diversität im Raum hatten wir alle etwas gemeinsam: Jeder fand Erholung und Erneuerung in der Natur. Ins Gold der untergehenden Abendsonne zu schauen oder über der Baumgrenze im Flieger unterwegs zu sein, wo sich der grandioseste Ausblick meilenweit erstreckt, rührte uns alle zutiefst. Einige fanden Ähnliches auch in anderen Bereichen: in der Musik, in der Bibel oder im Gottesdienst. Doch ohne Ausnahme ließen wir uns verzaubern von der Macht der Erde, der See und des Himmels. Wie heißt es bei Hiob:

> Frage doch das Vieh, das wird dich's lehren,
> und die Vögel unter dem Himmel,
> die werden dir's sagen,
> oder die Sträucher der Erde,
> die werden dich's lehren,
> und die Fische im Meer werden dir's erzählen.
> Wer erkennte nicht an dem allen,
> dass des HERRN Hand das gemacht hat,
> dass in seiner Hand ist die Seele von allem,
> was lebt (…). (Hiob 12, 7)

Jedes Wesen verkörpert ein göttliches Prinzip, und einer der Gründe, warum wir unsere Hausiere so schätzen, liegt darin, dass sie uns an das Wunder des Lebens erinnern. Doch selbst wenn sie gegangen sind, bleibt die Welt noch ebenso ehrfurchtgebietend in ihrer Macht, uns zu lehren und zu transformieren.

Wenn das Leben seine Melodie verloren zu haben scheint, dann können wir uns die Zeit nehmen, der Musik des Waldes oder der eines Flusses zu lauschen. Wenn wir uns niedergeschlagen fühlen, können wir achtgeben, was der Eichelhäher den Bäumen zu sagen hat. Sind wir nur aufnahmebereit und achtsam, dann können die Wesen, die unseren Planeten mit uns bevölkern, unsere Not lindern.

Warm summer sun, shine kindly here;
Warm western wind, blow softly here;
Green sod above, lie light, lie light —
Good-night, dear heart, good-night, good-night.

Warme Sommersonne, scheine hier mild,
warmer Westwind, wehe hier sanft,
grüner Boden, wiege leicht, wiege leicht –
gute Nacht, liebes Herz, gute Nacht, gute Nacht.

Robert Richardson
(Inschrift auf dem Grab von Mark Twains Tochter Susy)

9. Ruhe in Frieden

Neben dem alten Gemeindehaus im New-England-Stil, in dem sich unsere Gemeinde jede Woche zum Gottesdienst trifft, liegt ein kleiner Garten, wo die Asche unserer verstorbenen Gemeindemitglieder begraben liegt. Keine Steine oder Kreuze sind hier zu sehen, nur unsere Erinnerungen bewahren das Gedenken an sie. Auch sind keine Urnen oder andere Gefäße mit begraben – die Asche darf zur Erde zurückkehren. Mir fehlt dort kein Marmor und kein Granit – denn anders als Stein sind die Dinge, die ein Leben wirklich wertvoll machen, wie Liebe und Freundschaft, zerbrechlich und vergänglich. Doch wie die Blumen, die in unserem Garten wachsen, können sie immer wieder neu erblühen.

Genauso wurden die Toten seit Menschengedenken bestattet. Die Sitte ist so alt wie die Menschheit; vielleicht auch älter, denn andere Arten haben ähnliche Rituale. Von Elefanten weiß man, dass die ihre gefallenen Kameraden mit Erde und Zweigen bedecken, wenn sie sterben. Dachse sollen dasselbe für ihre verstorbenen Artgenossen tun und die errichtete Grabstätte dazu manchmal mit klagendem Winseln umkreisen. Aus welchem Grund auch immer – um einen Abschluss zu finden, um die Toten in Würde zu verabschieden oder um ein primitives Bedürfnis zu erfüllen, das wir selbst nicht ganz verstehen – uns Menschen und den Tieren ist ein Impuls gemeinsam, die körperlichen Überreste unserer Toten der Erde zurückzugeben, aus der sie gekommen sind.

Einige der ältesten uns bekannten Beispiele menschlicher Bestattung stammen aus dem Norden Israels, wo Archäologen zwei Skelette entdeckten, die Seite an Seite beerdigt worden waren: ein alter Mensch und ein nur wenige Monate alter Welpe. Die beiden wurden vor ungefähr zwölftausend Jahren dort begraben. Rührend finde ich, dass die Hand des Menschen um die Schulter des Hundes gelegt wurde, als wolle er ihn beschützen. Man fragt sich natürlich, ob der junge Hund absichtlich getötet wurde oder ob er seinem Herrn von sich aus ins Grab folgte. Auf jeden Fall drückt diese bei der Exhumierung entdeckte Geste die Zeitlosigkeit der Verbindung zwischen Mensch und Hund aus – eine Beziehung, die noch den Tod überdauert.

Valerie Porters Buch *Faithful Companions* nach waren Hundefriedhöfe bei den alten Ägyptern weitverbreitet. Hunde genossen den besonderen Schutz der ägyptischen Gesetzgebung. Häufig wurden sie zu Tempelwächtern ernannt und nach dem Tod einbalsamiert. Der Gott Anubis, der den Eingang zur Unterwelt bewachte und die Seelen auf ihrer letzten Fahrt begleitete, wurde als Gottheit mit Hunde- oder Schakalkopf dargestellt. Doch auch in einer Gesellschaft, die Tiere als übernatürliche Wesen anbetete, mögen die Menschen auf der Erde doch eine ganz natürliche Zuneigung für ihre Haustiere empfunden haben. Nahe der Cheopspyramide trägt eine Steinsäule die folgende Inschrift eines Pharaos an seinen Hund, welche den besonderen Rang, den die Tiere genossen, ebenso klarmacht wie die Wertschätzung des Pharaos: "Dieser Hund war die Wache seiner Majestät. Abuwityuw war sein Name. Seine Majestät befahl, ihn feierlich in einem Sarg aus der königlichen Schatzkammer mit viel feinem Leinen und Weihrauch zu bestatten."

Katzen waren ebenso hoch angesehen. Es gab eine ägyptische Katzengottheit namens Bast. Wenn eine Katze starb, gab man sich große Mühe, ihren Körper durch Mumifizierung zu konservieren. Katzen wurden einbalsamiert und in einen Sarg gelegt, dann bestattete man sie traditionell in bestimmten Regionen am Nilufer, die speziell für diesen Zweck bestimmt waren. Menschen, deren Haustiere starben, rasierten sich außerdem als Zeichen ihrer Trauer die Augenbrauen.

Unlängst entdeckten Archäologen einen weiteren Hundefriedhof im Nahen Osten, der vermutlich schon um 450 v. Chr. dort angelegt wurde. Alle Tiere auf diesem Friedhof kamen anscheinend durch natürliche Todesursachen ums Leben; bei einigen waren Anzeichen rheumatischer Erkrankungen zu finden. Den Knochenfunden zufolge gehörten die Hunde einer

windhundartigen Rasse an. Jeder Einzelne war mit großer Sorgfalt bestattet worden. Es handelte sich anscheinend um Jagdhunde, welche der damalige Adelsstand
schätzte. Es ist gut möglich, dass auch bescheidenere
soziale Klassen ihre Haustiere mit ähnlichen Ritualen
bestattet haben – nur ohne die lange Zeit überdauernden
Monumente.

Das Bedürfnis, eine geeignete Ruhestätte für unsere
vierbeinigen Gefährten zu finden, ist anscheinend sehr
alt und sitzt tief in uns. Natürlich haben Beerdigungen
auch einen praktischen Aspekt: Wenn man Leichen
eingräbt, entsorgt man sie auf hygienische Weise. Doch
die Sitte kann sich auch aus einer Eingebung über das
Wesen des Trauerns entwickelt haben: Die Erde muss
umgegraben werden, bevor neues Leben wieder in ihr
wurzeln kann. In der modernen westlichen Kultur exis-
tieren spezielle Tierfriedhöfe seit etwa hundert Jahren.

Auch wenn der Akt des Begräbnisses mit eigenen
Händen für einige etwas Tröstliches haben kann: Die
geltenden gesetzlichen Bestimmungen erlauben es in
vielen Ländern nicht, Hunde und andere größere Haustiere einfach im Garten zu vergraben. Eine professionell
organisierte Bestattungsfeier verleiht dem Abschied
aber ohnehin ein würdigeres Gewicht. So ziehen es
viele vor, die Dienste eines Tierbestattungsinstituts in
Anspruch zu nehmen oder sich vom Tierarzt oder der
Tierklinik helfen zu lassen. So oder so überwiegt der
Impuls, den Fortbestand des Lebens im Angesicht des
Todes zu feiern. In der *New York Times* berichtete die

Autorin Mary Cantwell vom Tod ihrer Katze und dem Bedürfnis, diesen Abschied rituell zu begehen:

»Im Frühling, wenn der Boden nicht mehr starr gefroren ist und die Tierbestatter den kleinen Kasten anliefern, werde ich Calypsos Asche aufs Land fahren und sie unter einem Strauch Strandpflaumen begraben. Auch unsere erste Katze ruht dort, ebenso wie das kleine Kätzchen meiner Ältesten. Unter dem Strauch rollt sich eine steinerne Katze zusammen, die mir einmal jemand für den Garten geschenkt hatte. Jetzt gibt sie den Grabstein. Zum Begräbnis wird es ein kleines Ritual geben – ein ›Auf Wiedersehen Calypso‹ und eine Abschiedsrede vielleicht. Und wenn ich mich dabei vor der Außenwelt blamiere, ist mir das einerlei. Zeremonien sind für mich schon immer eine der Stützen gewesen, die mich das Leben bewältigen lassen.«

Aber Zeremonien sind weit mehr als nur eine Stütze. Rituale sind unser Mittel, die Zeit zu heiligen. Sie zeichnen bestimmte Momente als denkwürdig aus, als bedeutsam und signifikant.

Es ist keineswegs so, dass solche Übergangsriten zwingend düster und trübsinnig ausfallen müssen. Man kann sehr wohl ernst sein, ohne gleich depressiv zu werden. Beispielsweise versammelte eine Freundin von mir eine Trauergemeinde aus Stofftieren zur Bestattungsfeier ihres Graukopfsittichs. Auch Grabinschriften und Nachrufe können fast launig wirken: "Nie merkte sie, dass sie eine Katze war." Solche Sprüche klingen vielleicht frivol, aber Lachen und Weinen liegen nun einmal nah beieinander. Der Zweck einer Gedenkfeier ist ja nicht, die unangenehmen Seiten des Lebens zu monieren, sondern sich die Eigenschaften ins Gedächtnis zu rufen, die es so froh und sinnvoll machten.

Bei Tierbegräbnissen findet die tatsächliche Grablegung meist mit weitaus weniger Aufwand und Pomp statt als bei einer Menschenbestattung. Die meisten bevorzugen ein informelles, individuell gehaltenes Lebewohl, doch der Abschied ist darum nicht weniger ernsthaft und aufrichtig gemeint. In einem Zeitungsartikel stellen die Autoren Richard Meyer und David Gradwohl den San Francisco National Cemetery, einen Militärfriedhof, dem nah gelegenen Tierfriedhof Presidio Pet Cemetery gegenüber, auf dem die Tiere von Army-Mitarbeitern begraben liegen. Auf dem Ersteren stehen einheitliche weiße Kreuze steril in Reih und Glied. Auf Letzterem dominieren selbstgemachte Grabsteine in buntem Durcheinander, dekoriert mit Folk Art, mit Blumen und Kunstblumen, mit Heliumballons und farbenfrohen Schleifen. Dort zieren die Gräber wettergegerbte Fotografien von Hunden und Katzen und Tüten voller Leckerchen und Kauknochen. Die Inschriften besitzen eine Aufrichtigkeit, die von Herzen kommt – wie die für Jane, eine Grüne Wasseragame:

> Sie genoss ihr langes Leben von zehn Jahren. Sie
> war die beste Echse, die ich je kannte, und wird
> furchtbar vermisst von ihrer Besitzerin Emily und
> ihren Freunden Randall, Poncho, Nellie, Mr. Legu-
> an, Lucy Rabbit sowie von vielen anderen, die sie
> kannten und liebten.

Anders als ihre menschlichen Gegenstücke sind diese Grabstätten alles andere als zurückhaltend. Sie scheinen eher verspielt als würdevoll. Doch obwohl keine einundzwanzig Salutschüsse, beflaggten Särge oder Blasmusik ihre Grablegung begleitet haben, sind diese Tiere wahrhaftig mit allen Ehren und in Würde bestattet worden.

Wenn auch für mich einmal der Tag kommt, um meines Hundes Asche zur Ruhe zu betten, möchte ich eine Strophe "Auld Lang Syne" singen und mir viel Zeit nehmen, um die Familienalben anzusehen, auf deren Fotos mein Hund für immer mit uns anderen Familienmitgliedern verewigt ist. Ich werde sicher weinen und vermutlich auch ein gelegentliches Schmunzeln nicht unterdrücken, wenn ich mich an den Tag erinnere, an dem er die Gardinen gefressen hat. Aber die Bilder erinnern mich daran, dass unsere Tiere in Frieden ruhen, wo ihre Überreste auch liegen mögen – unter Pflaumen- oder Kirschbäumen, unter Granitstein oder in alle Winde verstreut. Die Erinnerung an sie bewahren wir sicher in unseren Herzen.

Erkenne Gott in allen Dingen, denn Gott ist alle Dinge. Alle Kreaturen sind in Gott und sind die Gottheit seiner selbst und wollen ihn ausfüllen. Jede Kreatur ist ein Wort Gottes.

Meister Eckhart

10. Heilende Worte

Ich habe in den vielen Jahren als Geistlicher viele Grab- und Trauerreden gehalten. Eine der schwersten und zugleich heilsamsten davon war die für meinen eigenen Großvater. Weil wir uns sehr nahestanden, wurde ich von Gefühlen schier überwältigt. Ich musste im Trauergottesdienst einige Mal innehalten, bevor ich weitersprechen konnte. Doch obgleich ich den Tränen nahe war, spürte ich eine Art Euphorie. Ich fühlte tiefe Dankbarkeit und Freude über die Verbindung, die zwischen uns bestanden hatte. Seit diesem Tag weiß ich, wie transformierend das gesprochene Wort wirken kann. Indem wir der Liebe in uns eine Stimme geben, lassen wir sie aufleben und verleihen ihr Macht – eine Macht, die stärker ist als der Tod.

Ich rate Trauernden meist, die Macht der Worte zu nutzen, indem sie für den von ihnen gegangenen Menschen eine Eloge schreiben. Dieser Begriff bedeutet übersetzt so viel wie "gute Worte", denn eine Trauerrede soll die Eigenschaften, die einen anderen Menschen unvergesslich machten, zusammengefasst zum Ausdruck bringen. Im Fall eines verstorbenen Tieres kann diese Eloge in Form eines Briefs verfasst werden, als Gedicht oder als Lebensgeschichte, welche herausstreicht, welche Charaktermerkmale dieses Tier so besonders liebenswert oder zu einer echten Persönlichkeit machten.

Natürlich lässt sich ein Leben nicht komplett in Worte fassen. Ein vielschichtiges, facettenreiches Lebewesen kann nicht auf ein beschriebenes Blatt gebannt, nicht auf einen Brief reduziert werden. Aber wenn wir versuchen, in Worte zu fassen, was ein Tier so liebenswert gemacht hat, dann entdecken wir subtile Feinheiten, die uns vorher nicht so klar bewusst waren oder die wir bislang nicht so gewürdigt hatten.

Ich habe Dutzende von Trauerreden verfasst, und es ist nie eine leichte Aufgabe. Aber wenn es mir gelingt, die Essenz dessen, der gestorben ist, zu erfassen, ist das einer der schönsten Erfolge, die ich als Geistlicher verbuchen kann – anstrengend, aber die Mühe wert. Ich weiß dann, dass meine Worte etwas Wichtiges bewirkt haben.

Die eigenen Gedanken zu Papier zu bringen, hat viele Vorteile. Das Schreiben erfordert, dass wir uns aktiv erinnern, was den Erinnerungsbrunnen richtig aufwühlt. Es schafft ein dauerhaftes Andenken für die Zukunft, das wir mit Fotos, Pfotenabdrücken und anderem aufbewahren und immer wieder hervorholen können. Die Worte dann laut auszusprechen dient noch einem weiteren Zweck: Es erhöht ihre Wirkung und spricht (durch die Lautbildung der Zunge und das Hören der eigenen Stimme) die Sinne direkt an, was die Bedeutung umso bewusster macht.

Jede Eloge hat einen Anfang, einen Mittelteil und ein Ende – so wie das Leben auch. Der Schreibprozess zwingt uns, uns auf die Hauptargumente zu konzentrieren und die wichtigsten Details auszuwählen. Was waren die Höhepunkte in diesem Leben, dessen wir gedenken? Was hat dieses Tier in unser Leben gebracht?

Erfahrungen in Erzählform zu bringen, ist eine Methode, unserem Leben Sinn zu verleihen. Den Erzählungen ein Ende zu geben, hilft uns dabei, den für die Beschäftigung mit dem Tod nötigen Abschluss herbeizuführen. Das lebende Manuskript, das eben noch "work in progress" war, hat zu einem unumstößlichen Ende gefunden. Ein Leben ist vorbei; eine Erzählung ist vollendet.

Viele berühmte Schriftsteller haben Texte über ihre Haustiere verfasst, darunter D. H. Lawrence ("Rex"), James Thurber ("Snapshot of a Dog"), May Sarton ("The Fur Person") oder E. B. White (dessen Nachruf auf seine Hündin Daisy so endet: "Sie starb, während sie das Leben erschnüffelte und es genoss."). Der Dramatiker Eugene O'Neill malte sich in *Testament eines Hundes* die letzte Ruhestätte für den Dalmatiner Silverdene aus:

> »... wo es jede himmlische Stunde Zeit zum Fressen ist, wo an den langen Abenden eine Million Kamine brennen und niemals erlöschen. Dort kann man sich zusammenrollen und in die

Flammen starren und schlummern und von der
guten alten Zeit auf Erden träumen und von Herr-
chens und Frauchens Liebe.«

Auch Dichter haben über ihre Tiere Elogen verfasst.
Lord Byrons Tribut an seinen Neufundländer Boatswain
steht auf einem Denkmal in der englischen Newstead
Abbey:

An dieser Stelle
ruhen die Gebeine von einem,
welcher Schönheit besaß ohne Eitelkeit,
Stärke ohne Übermut,
Mut ohne Wildheit
und alle Tugenden des Menschen
ohne seine Laster.
… Um von eines Freundes Grab zu zeugen
erheben sich diese Steine,
für mich gab es nur den einen,
und der liegt hier begraben.

Man braucht gar kein Bestsellerautor oder Roman-
tikdichter zu sein, um eine gute und sinnvolle Gedenk-
schrift zu verfassen. Meine Kollegin Reverend Elizabeth
Tarbox schrieb den folgenden feinen Nachruf, der genau
die Atmosphäre von Trauer und Nachdenklichkeit zum
Ausdruck bringt, die sich auf uns legt, wenn eine gute
Freundin stirbt. Mir hat ihre Arbeit immer schon sehr
gefallen, weswegen ich diesen Ausschnitt aus ihrem Kir-
chenbrief ausgeschnitten und aufgehoben habe. Er be-

weist, wie gut sich ein Leben mit ein paar sorgfältig gewählten Worten beschreiben lässt:

»Natalie war ein goldweißes Meerschweinchen mit vollen Lippen und einem stark betonten Magen. Sie ließ uns an ihrem Leben teilhaben, nahm unsere Zuneigung und Fürsorge an, knabberte an Spinat und Löwenzahn und geriet beim bloßen Duft von Erdbeeren in Verzückung. Natalie schätzte ihren Partner Frank und ließ uns ihre Babys streicheln und verzieh uns, als wir die Kleinen fortgaben.

Als Natalie krank wurde, brachten wir sie zum Tierarzt und erfuhren, dass sie nicht wieder gesund werden würde, also trafen wir die Entscheidung, die wir Menschentiere uns erlauben, und baten den Arzt, sie einzuschläfern. Aber Natalie schlief nicht. Sie lag auf meinem Schoß und zitterte und stöhnte, und das Leben, das sie so großzügig mit uns geteilt hatte, verließ ihren kleinen runden Körper, und sie starb.

Ich dachte, wie sonderbar ist das, dass dieses kleine Tierchen mich so rührt, dass dieses kleine Leben, das nicht einmal fünf Jahre dauerte, mich dazu bringt, mein Gewissen zu strapazieren über das Recht der Menschen, einfach über Tiere zu bestimmen. Wie sonderbar, dass dieses leblose Fellbündel, das nun ganz still liegt, mich zu Tränen rührt.

Ich hatte ein Meerschweinchen vermenschlicht.
Ich hatte Natalie einen Platz und einen Stand in
meinem Heim verschafft. Irgendwie hatte ich sie
durch meine Zuneigung zu etwas erhoben, das
ihren Rang als Nager deutlich übertraf. Doch
auch sie hatte mich ihrerseits gewürdigt, indem
sie meine Fürsorge annahm. Sie hat unser Zuhause durch Schönheit bereichert und in mir Gefühle
geweckt, die ich froh bin zu fühlen: Liebe und
den Wunsch zu nähren. Sie hat mir vertraut und
mich dadurch vertrauenswürdig gemacht.«

Es ist bemerkenswert, wie ein solch winziges Geschöpf
unseren Geist in so immense Höhen treiben kann. Aber
vielleicht stimmt es auch, dass je kleiner ein Lebewesen
ist und je abhängiger, desto größer wird unsere Verantwortung. Weil sie so unschuldig sind, können Tiere uns
viel lehren. Je sorgloser sie leben, desto mehr geben sie
uns die Möglichkeit, fürsorglich zu werden.

Als Vater weiß ich, dass meine Kinder mich viel er-
wachsener werden ließen. Als Haustierbesitzer weiß ich,
dass die Pflege eines Tieres zu den Dingen gehört, die
mich menschlicher werden ließen. Reverend Tarbox beendet ihre Trauerschrift an Natalie mit dem folgenden
Gebet, das auch für jedes andere Lebewesen gesprochen
werden kann:

»Allmächtiger Gott, mach uns zu Freunden der
Tiere. Mach uns zu verantwortungsvollen Mitbe-

wohnern auf diesem fruchtbaren Planeten.
Mögen wir im Umgang mit Tieren großzügig sein;
mögen wir unsere Macht voller Mitgefühl
ausüben und Brutalität meiden; mögen wir sie
niemals quälen; mögen wir ihr Fleisch und ihre
Haut niemals verschwenderisch benutzen, um
uns äußerlich zu erhöhen; mögen wir ihr Recht
auf ein gutes Leben in ihrem eigenen Lebens-
raum respektieren. Mögen wir im Umgang mit
Tieren stets bedenken, dass alles Leben voller
Rätsel ist, wertvoll und gottgegeben, und dass
wir durch ihr Dasein um uns geehrt und
gesegnet werden.«

Darauf Amen. Durch Worte wie diese finden wir zur
Heiligkeit des Lebens auch im Angesicht des Todes. Wir
drücken unsere Dankbarkeit für die Gabe unserer Zeit
auf Erden aus. Wie der mittelalterliche Mystiker Meister
Eckhart uns erklärt, wäre es genug, wenn das einzige Gebet, das wir jemals sprächen, aus "Danke" bestünde.

Worte sind schöpferisch. Sie können motivieren, mä-
ßigen, segnen und versöhnen. Sie beschreiben die Wirklichkeit nicht nur, sondern verändern sie auch. Wir alle
wissen, dass Worte verletzen können. Warum sollten sie
dann nicht auch heilen und die Welt verbessern können?
Wenn wir unsere Gedanken mit Ernsthaftigkeit und
Aufrichtigkeit in Worte kleiden, dann können sie uns
an einen Ort der Ganzheit und des Friedens bringen.

Old Blue died and he died so hard,
Shook the ground in my back yard.
Dug his grave with a silver spade,
Lowered him down with links of chain.
With every link I did call his name:
Here, Blue, you good dog you.
Here, Blue, I'm a-coming too!

Der alte Blue starb, und das war schwer,
ich schüttete die Erde im Garten auf.
Grub sein Grab mit silbernem Spaten
und legte ihn hinein mit einer Kette.
Bei jedem Kettenglied rief ich laut seinen
Namen:
Hier, Blue, du guter Hund.
Hier, Blue, ich komme bald nach!

US-Folksong

11. Hilfe für die Seele

$\mathcal{D}$as Leben steckt voller unerklärlicher Ereignisse. Wenn ich auch den meisten Phänomenen, die man als paranormal bezeichnen könnte, skeptisch gegenüberstehe, kenne ich genug Menschen, die sonderbare Erfahrungen gemacht haben (und oft spielten Tiere dabei eine Rolle), welche bestimmte Fragen aufwerfen.

Da sind zum Beispiel die Löwen, die meine Mutter auf Sizilien gehört hat. Auf ihrer ersten Europareise hatte sie zusammen mit ihren beiden Reisegefährten spätabends ein Taxi vom Flughafen zum Hotel in Catania genommen. Am nächsten Morgen beklagte sie sich über eine schlaflose Nacht: "Habt ihr die Löwen brüllen gehört?", fragte sie ihre Freunde. Das Geräusch hatte sie die ganze Nacht über wachgehalten. Die anderen aber sahen sie verwirrt an. Niemand hatte irgendetwas gehört, und Martin, der die Stadt schon oft besucht hatte, wusste, dass es keine Zoos oder Zirkusse in der Nähe gab. Mit hochgezogenen Brauen fragte er sie: "Ist dir klar, dass wir nur einen Häuserblock von der alten Arena im Römischen Theater entfernt sind?" Er wollte damit andeuten, dass das Brüllen von den wilden Tieren stammte, die vor vielen Jahrhunderten einmal zu den grausamen Darbietungen der Gladiatorenspiele gehört hatten. Ein Teil von mir wünscht sich eine bodenständigere Erklärung. Aber ein anderer Teil fragt sich noch heute, was meine Mutter in dieser Nacht wohl gehört hat.

Dann war da noch die Geschichte über die rote Hauskatze Oro, von der mir ein Brieffreund in South Carolina berichtete. Die Familie war gerade umgezogen, und Oro gewöhnte sich gut ein – mit einer eigenartigen Ausnahme: Während sie sich überall sonst im Haus frei bewegte, sprang sie immer hoch in die Luft, wenn sie die Schwelle zwischen Wohn- und Esszimmer überqueren musste. Als die Besitzer ein paar Monate dort wohnten, besuchten sie die Vorbesitzer des Hauses. Im Lauf des Gesprächs erwähnten sie, wie gern ihr alter Hund immer auf genau dieser Schwelle geschlafen hatte. Er war schon vor vielen Jahren in diesem Haus gestorben. Hatte sich sein Geruch so lange dort gehalten, oder nahm die Katze den Geist des Hundes auf einer subtileren Ebene wahr? Die Antwort werde ich wohl nie erfahren.

Ähnlich nachdenklich nehme ich zahlreiche Berichte von Haustierhaltern entgegen, die die Anwesenheit ihrer verstorbenen Tiere noch immer im Haus spüren. Als Geistlicher habe ich regelmäßig mit Trauernden zu tun, und Trauerbegleiter wissen sehr wohl, dass die Angehörigen Verstorbener häufig von denen, denen sie im Leben nahestanden, "Besuch" erhalten. Eine Trauerstudie besagte, dass einer von sechs Menschen, der ein Haustier betrauert, das Tier danach noch immer im Haus hört oder sieht. Geschichten von Hunden und Katzen wiederum, die sich weigern, den "Geist" ihrer verstorbenen Besitzer zu verlassen, gibt es ebenfalls zuhauf.

In *Memories*, einer Hommage an seinen Spaniel Chris, erzählt der Bestsellerautor John Galsworthy auch von einem solch unerklärlichen Ereignis. An einem dunklen Dezemberabend war die Frau des Schriftstellers in nachdenklicher Stimmung, als sie den schwarzen Körper ihres Hundes wahrnahm, der sich auf seinen angestammten Platz unter dem Tisch begab. Sie konnte ihn nicht real gesehen haben, denn das Tier war vor einiger Zeit gestorben. Und doch sah sie den Hund glasklar, hörte das Klacken seiner Krallen auf dem Fußboden und spürte sogar seine Körperwärme, als er an ihren Beinen vorbeistrich. Dann brach ein Geräusch oder eine andere Ablenkung den Bann – und als sie sich wieder dem Platz unter dem Tisch zuwandte, verschwand der Hund langsam vor ihren Augen.

Nun kann man Begebenheiten wie diese als Halluzinationen abtun. Das Unbewusste in uns kann bekanntlich höchst kreativ werden; plötzlich klingt ein fernes Hundebellen wie die Stimme unseres lang verlorenen Gefährten und ein Zweig, der gegen die Hauswand schlägt, erinnert uns an das Kratzen unseres Lieblings an der Tür. Viele Menschen träumen auch von ihren Tieren nach deren Tod, und manchmal können diese Bilder sehr lebendig wirken. Manche beruhigt das; das alte und erkrankte Tier erscheint ihnen oft als vitaler junger Hund. Es sieht so aus, als ob unsere Psyche uns sagen wolle, wir müssten uns keine Sorgen um das machen, was nach dieser Welt kommt, und darin liegt vielleicht viel Weisheit.

Doch nicht jede unheimliche Begegnung kann so einfach als Trick des Unbewussten weg-erklärt werden. Eine Frau namens Stephanie schrieb mir zum Beispiel einmal von einem Erlebnis mit ihrer Hündin Ginger, die einige Jahre zuvor verstorben war. "Ginger gehörte meinem Mann und war die Liebe seines Lebens", schreibt sie. Von den 14 Hunden, mit denen sie in ihrer fünfundvierzigjährigen Ehe ihr Heim geteilt hatten, war Ginger der bemerkenswerteste. An dem besagten Tag erlitt Stephanies Mann einen Herzinfarkt. Die Sanitäter kamen auf Stephanies Notruf hin schnell. Während sie im Schlafzimmer ihren Mann behandelten, saß Stephanie zusammen mit ihrem Schwiegersohn und ihrer Nachbarin in der Küche. Die beiden jungen Hunde, die sie zu dieser Zeit hatten, waren beide draußen im Garten und die ganze Zeit in Sichtweite.

"Als die Sanitäter versuchten, meinen Mann wiederzubeleben", erinnert sich Stephanie, "rief uns einer von ihnen mehrmals laut zu, wir sollten 'den Hund aus dem Schlafzimmer' holen." Wir riefen zurück, dass kein Hund im Haus sei, dass beide Hunde draußen stünden. Von welchem Hund sprachen die Sanitäter also? Als der Krankenwagen mit ihrem Mann Richtung Krankenhaus unterwegs war, sagt Stephanie, wurde ihr klar, "dass der

Hund, den sie gesehen hatten, unsere geliebte Ginger war", die dort gewartet hatte, um ihr Herrchen ins Jenseits zu geleiten.

Wie würden Sie den mysteriösen Hund im Schlafzimmer erklären? Gibt es mehr auf der Welt, als unsere Sinne erfassen können? Werden wir uns eines Tages wiedersehen? Die meisten Gläubigen denken so, und Hunde tauchen in auffallend vielen Traditionen als Führer und Geleit ins Reich der Toten auf. Der Herr der altägyptischen Unterwelt, Anubis, war ein hunde- der schakalköpfiges Geschöpf, der die Seelen auf ihrem Weg in die Ewigkeit begleitete. Die alten Griechen ließen die Tore ihrer Unterwelt von dem Höllenhund Zerberus bewachen. In der ältesten Hindu-Schrift, dem *Rigveda*, wurde der erste Sterbliche, der dem Tod begegnete, von diesem in Begleitung zweier schwarzer Hunde begrüßt, deren Aufgabe es war, die Seelen aufzuspüren und zu ihrer himmlischen Wohnstatt zu geleiten.

In ebenso uralten Grabmalen aus der chinesischen Shang-Dynastie liegen Hunde tief unten in der Grube, denn Tiere betrachtete man als "Psychopomps", welche die Toten ins Land ihrer Vorfahren geleiten. Aus über zweitausend Jahre alten Grabschächten in West-Mexiko wurden Keramikhunde ausgegraben, die von den Ureinwohnern Mesoamerikas als Seelenführer angesehen wurden. In der christlichen Tradition sind die Grabfiguren aus den Grüften mittelalterlicher Kirchen oft Hundeskulpturen aus Marmor – Mastiffs, Spaniels, Windhunde und andere Rassen zu den Füßen der Verstorbenen.

Ann Ashby zitiert in ihrem Artikel "Der beste Freund des Menschen: Wächter des Jenseits" den Kunsthistoriker Kenneth Clark, der vermutet, die Figuren stammten "von den Wächtertieren oder Fetischen ab, welche Grabstätten in jeder Zivilisation zieren, welche die Seelen ihrer Toten auf dem Weg über den Fluss des Todes begleiten lässt."

Warum aber haben so viele weit voneinander entfernte Zivilisationen alle den Hund zum Schwellenwächter am Übergang zum Leben nach dem Tod bestimmt? Anthropologen erklären die Gemeinsamkeiten in Glaube und Ritual mit den sporadischen Kontakten zwischen den verstreut lebenden Völkern. Vielleicht boten sich Hunde aber auch durch ihre schon unheimliche Fähigkeit, von überall her nach Hause zu finden, als Führer an. In den 1920er-Jahren fand ein als "Wunderhund" berühmt gewordener halbjähriger Welpe, ein Collie/English-Shepherd-Mischling namens Bobbie, nachdem er von seinen Besitzern getrennt wurde, von Oregon bis Indiana nach Hause, wobei er innerhalb von sechs Monaten über 4000 km zurücklegte. Aus Italien kommt die Geschichte eines Hundes, der seinen Herrn in Napoleons Armee auf dem langen Marsch nach Russland begleitete. Nachdem er beim Überqueren eines Flusses auf Eisschollen abgetrieben worden war, kehrte er ein Jahr später zu seinem Besitzer zurück. Halb Europa lag hinter ihm.

Einige dieser Berichte mögen ein wenig fragwürdig klingen. Ich bin nicht überzeugt, dass mein eigener

Hund auch nur vom Ende der Straße zurückfinden würde, außer sein Fressen wartet auf ihn. Aber es gibt auch wissenschaftlich untermauerte Studien, bei denen Biologen Wölfe in die Wildnis zurückführen wollten. Dabei wurden fünf im Zwinger aufgezogene Grauwölfe in Barrow, Alaska, 280 Kilometer von dem Ort entfernt, den sie als ihr Zuhause kannten, ins Freie entlassen. Mindestens einer der Wölfe überquerte das raue, unwirtliche Terrain bis zu seinem Geburtsort zurück, die anderen waren in derselben Richtung unterwegs und wurden nur durch Hindernisse wie Dämme und Bergschächte daran gehindert weiterzukommen. In einem ähnlichen Fall liefen zahme Wölfe aus ihrem Gehege auf der Isle Royale im Lake Superior fort und wurden wieder eingefangen und danach 50 km weit von zu Hause weggebracht. Alle waren bereits am nächsten Tag wieder im Gehege zurück. Ähnliche Geschichten gibt es aus allen Zeiten in fast jeder Kultur, in der Hunde eine Rolle spielen. Zwei Fragen allerdings bleiben: Fähigkeiten wie diese grenzen ans Übernatürliche. Wie machen Hunde das? Und: Wer wäre besser qualifiziert als Begleiter auf unserer letzten Reise?

Vielleicht ist die Erklärung für Ginger und ihre Artgenossen ganz einfach. Vielleicht wartet tatsächlich ein spiritueller Hunde-Führer auf uns, wenn wir sterben. Die Antworten auf Fragen wie diese mögen jenseits unserer Weisheit liegen, doch gerade deshalb sind die Geschichten so faszinierend. Bis meine Zeit gekommen ist, werde ich jedenfalls gespannt sein.

Geh zu deinem Rendezvous des Lichts
ohne Schmerz – der bei uns bleibt,
während wir das Geheimnis durchwaten,
das du soeben übersprangst!

Emily Dickinson

12. Die ewige Frage

Jedes lebende Wesen besitzt eine undefinierbare und doch unverkennbare Präsenz, die es von den Toten unterscheidet. Bei Toten ist der Unterschied spürbar – noch bevor der Leichnam ausgekühlt ist. Robbie Kahn, eine Soziologin, die an der Universität Vermont unterrichtet, erzählte mir, wie sie in den letzten Lebensmomenten ihrer Hündin Sarah entdeckte, was ein einziger Atemzug bewirkt. Robbie setzte sich neben ihre vierbeinige Gefährtin auf den Boden. Die Hündin zog leise die Luft ein, und ihr schwerer Atem hatte bereits einen leicht wässrigen Klang. Nach jedem Atemzug wurden die Abstände zum nächsten länger. Dann schließlich stieß das Tier den letzten Atemzug seines Lebens aus.

Die Veränderung im Raum war sofort spürbar. Wo eben noch zwei Geschöpfe gewesen waren, blieb nun nur noch eines übrig. "Später", erinnerte sich Robbie, "habe ich mich gefragt, wie das alles so plötzlich passieren konnte, wie konnte sie so plötzlich verschwunden sein?" Vergeht der Geist ganz einfach im Moment des Todes, oder begibt sich die Seele irgendwie an einen anderen Ort? Dieses Mysterium beschäftigt die Menschen seit Jahrtausenden.

Die Frage, ob auch die Tiere ein Leben nach dem Tod erwartet, so wie Gläubige aller Religionen es von den Menschen annehmen, werden wir vermutlich nie beantworten können. Als man die Tieflandgorilladame Koko, die sich in Zeichensprache ausdrücken konnte, fragte: "Wohin gehen Gorillas, wenn sie sterben?", antwortete sie ihrer Trainerin mit den Zeichen für "gemütlich" und "Loch" (für Höhle im Boden). Ihre Antwort lässt vermuten, dass sich auch andere Arten Gedanken darüber machen, was jenseits dieser Welt liegt. Es stimmt nachdenklich, und es ist vermutlich nicht weniger wahrscheinlich, dass letztlich Kokos Vorstellung zutrifft als die unsere.

Viele von uns wären sich aber sicher einig, dass der Himmel, wie wir ihn uns auch immer vorstellen, ein fader Ort wäre ohne Haustiere, die uns Gesellschaft leisten und für so viele schöne Momente in unserem Leben sorgen. Ein Schild über der Himmelstür, auf dem "Tiere müssen draußen bleiben" steht, wäre keine gute Empfehlung für ein Paradies.

Verschiedene Glaubenstraditionen haben sich zu genau diesem Problem geäußert. Der einzige Bibelautor, der das Thema direkt anspricht, ist der Prediger Salomo, der sich zu einem milden agnostischen Kommentar bemüßigt fühlt, wie er ihn so vielen anderen Rätseln des Lebens entgegenbringt. "Denn es geht dem Menschen wie dem Vieh: Wie dies stirbt, so stirbt auch er. (...) Wer weiß, ob der Odem der Menschen aufwärtsfahre und der Odem des Viehes hinab unter die Erde fahre?" (Prediger 3, 19-21).

Was mit Menschen und anderen Lebewesen geschieht, wenn sie sterben, ist Ansichts- und Glaubenssache. Ich persönlich stehe auf der Seite der Frau, die auf die Frage, ob sie nach ihrem Tod eine Beerdigung oder eine Feuerbestattung vorzieht, geantwortet hat: "Ich lasse mich überraschen." Viele osteuropäische Traditionen unterhalten dagegen ausgedehnte Theorien zur Seelenwanderung vom Tier zum Menschen und zurück. Die *Játaka*-Erzählungen berichten beispielsweise von Buddhas früheren Inkarnationen in Tierkörpern wie denen von Antilopen, Affen, Elefanten, Hunden, Pfauen und vielen anderen Wesen. Immer agieren die Tiere aber als Lehrer und Vorbilder für den menschlichen Charakter, so wie in der Geschichte vom selbstlosen Hirsch, der den König rettet, der ihn einst gejagt hatte. "Ich selbst war der Hirsch", sagt der Buddha zu seinen Zuhörern. In seiner Tradition sind die Tiere genauso fähig zu Erleuchtung und Befreiung wie ihre menschlichen Gegenstücke.

Für westliche Philosophen gab es ursprünglich keine klare Trennung zwischen der Seele der Menschen und der der niederen Geschöpfe. In der biblischen Schöpfungsgeschichte steht geschrieben, dass Gott den Adam als *nefesh chaya* schuf, was aus dem Hebräischen vorwiegend als "lebende Seele" übersetzt wird. Nach dem 1. Buch Mose erschuf Gott, als er sah, dass Adam einsam war, dann die vierbeinigen und fliegenden Bewohner des Planeten und verlieh ihnen ebenso das *nefesh chaya*, damit sie Gefährten für den ersten Menschen würden. In alter Zeit wurde die Seele oft mit dem Blut, manchmal mit dem Odem gleichgesetzt, da der Atem solch einen sicht- und fühlbaren Unterschied für Beobachter ohne viel Vorwissen ausmacht (so wie für meine Bekannte Robbie). Der Lebensatem, dieses unerklärliche Geheimnis, das Lebewesen von toter Materie unterscheidet, schien in allem zu wohnen, das lebte.

Das Judentum verstand Erlösung eher als Gemeinschaftserlebnis als ein Leben jenseits des Grabes für individuelle Personen. Doch die hebräische Heilige Schrift enthält einige Beispiele dafür, dass Gottes Gnade für alle Lebewesen gleichermaßen gilt. "Denn alles Wild im Walde ist mein", spricht der Herr (Psalm 50, 10); und weiter: "Ich kenne alle Vögel auf den Bergen; und was sich regt auf dem Felde, ist mein." (Psalm 50, 11) Die messianische Vision des Shalom ist eine Welt, in der die ursprüngliche Einheit wiederhergestellt ist, wo Löwe und Lamm nebeneinanderliegen und ein kleines Kind sie führt.

Die frühen Christen stellten sich auch ein Paradies vor, in dem Tiere ihren Platz hatten. In den Katakombenmalereien aus dem ersten bis fünften Jahrhundert wird Christus oft als guter Hirte dargestellt, mit einem Lamm auf der Schulter und darauf oft noch einer Taube. Häufig hielt er noch eine Panflöte oder eine Leier in der Hand, um mit der Melodie die Vögel und Tiere um sich

herum zu zähmen – Löwen, Wölfe, Schlangen, Schild-
kröten, Hunde, Delphine und andere Arten. Um ihn
herum sind oft blühende Vegetation und Symbole der
irdischen Fruchtbarkeit abgebildet: Mais, Rosen, Oliven
oder Trauben. Zum Beispiel auf der Grabstelle des heiligen Cyriacus, eines christlichen Bischofs, der um 309
enthauptet wurde, war Christus quasi nicht zu unterscheiden vom griechischen Gott Orpheus, der als junger
Mann in fließender Tunika mit Girlanden im Haar dargestellt wird. Der Erlöser, den die frühen Christen an-
beteten, war ohne Zweifel auch ein Herr der Tiere.

Doch diese Ansicht veränderte sich im Lauf der Jahrhunderte. Als 1611 die King-James-Übersetzung der Bibel
erschien, wurde der Begriff *nefesh chaya* aus dem 1.
Buch Mose zwar als Beschreibung für Adam noch ins
Englische als "living soul" ("lebende Seele") übertragen,
aber in Verbindung mit anderen Arten als "living crea-
tures" ("lebende Kreaturen") übersetzt. Das Christentum
in seiner orthodoxen Form begann zu leugnen, dass
auch andere Lebewesen ein Anrecht auf die Hoffnung
auf ein Leben nach dem Tod haben. Doch ein paar
Theologen erhoben Einspruch. John Wesley, der Be-
gründer des Methodistentums, der eine Viertelmillion
Meilen weit geritten sein soll, um das Wort des Herrn
zu verbreiten, war überzeugt, dass er sein treues Pferd
im Himmel wiedersehen würde. Der bekannte christliche
Schriftsteller C. S. Lewis weigerte sich ebenfalls, unsere
Mitlebewesen von der Ewigkeit auszuschließen und ver-
mutete spöttisch, dass zur Vorstellung einer Mücke vom

Paradies sehr wohl das Quälen menschlicher Sünder in der Hölle gehören könnte.

Unter Muslimen wird lebhaft diskutiert, welche Tiere an den Freuden des arabischen Paradieses Dschanna teilhaben dürfen. Salomos Ameise und Jonas Wal erhalten Generalerlaubnis am Tor zur Seligkeit, und der Koran spricht von Kamelen, Pferden und Bäumen voller Singvögel. Die Interpretationen und Lehren darüber variieren.

Angesichts solch auseinandergehender Meinungen wäre es unklug, dogmatisch zu werden. Das Leben nach dem Tod ist etwas, das Menschen, die aufrichtig glauben, völlig zu Recht zu widersprüchlichen Auffassungen bringen kann. Jeder darf die Vision vom Paradies unterhalten, die ihm den größten Trost spendet.

Eine meiner Lieblingsgeschichten stammt aus dem indischen Epos *Mah bh rata*. Der Held dieser Geschichte, Yudhisthira, ist bekannt für seine Liebe zu *satya* (Wahrhaftigkeit) and *dharma* (Recht/Moral), aber erst am Ende des Werkes kommt sein Charakter am anschaulichsten zur Geltung. Yudhisthira und seine Brüder erklimmen auf ihrer letzten Pilgerreise die Gipfel des Himalaja. Einer nach dem anderen kommen die Brüder zu Fall, da das Gewicht ihres angesammelten Karmas sie hinabzieht. Nur Yudhisthira, der ohne Sünde ist, erreicht den höchsten Gipfel und soll dort mit dem Gottkönig Indra in einem goldenen Wagen zum Himmel auffahren. Doch das Ganze hat einen Haken: Indra erklärt Yudhisthira, er müsse seinen Hund zurücklassen, der als niederes Wesen der Ewigkeit nicht würdig sei. "Für Menschen mit Hunden gibt es im Himmel keinen Platz", verkündet der allmächtige Indra. Yudhisthira aber erwidert: "Dieser Hund, o Herr dessen, was war, und dessen, was ist, ist mir außerordentlich ergeben. Er soll mit mir gehen. Mein Herz ist voller Mitgefühl für ihn." Mitgefühl ist die große Leitlinie der Veda-Lehre.

Aber er habe doch auf alles andere verzichtet, erinnert ihn Indra, warum nun nicht auch auf den Hund? Das Reich der Seligkeit warte schon. Yudhisthira jedoch steht zu seinem Hund, selbst wenn der Preis dafür das Paradies ist. "Es heißt, dass es unendlich sündhaft sei, jemanden zu verlassen, der einem ergeben ist", beharrt er, ebenso sündhaft wie das Erschlagen eines Geistlichen. "Daher, o großer Indra, werde ich diesen Hund heute nicht verlassen, nur weil ich selbst nach meinem Glück strebe." Klare Worte.

In diesem Moment größtmöglichen Selbstverzichts verwandelt sich der Hund in eine Gottheit, die Yudhisthira nur hatte prüfen wollen. Die Tore zum Paradies öffnen sich für Hund und Besitzer zugleich. Und der *svana* ("Hund" auf Sanskrit) nimmt einen Platz am Firmament ein als das Sternbild, das wir als Sirius kennen, den Hundsstern, der am hellsten von allen am Nachthimmel strahlt.

Ich mag diese alten Mythen. Sie öffnen uns immer ein Fenster zur Wahrheit, das durch die Ausschmückungen der Fantasie einen umso besseren Ausblick bietet. So wird die Nacht weniger einsam, die Sterne rücken etwas näher an unser Leben heran. Und was auch immer dort hinter dem denkbar fernsten Sternbild noch warten mag – es ist gut, glauben zu können, dass auch unsere Tiere dort ihren Platz haben.

Gott schuf alle Wesen,
ob wir sie fürchten oder lieben,
um zu zeigen: Wir und sie sind
seine Kinder und eine Familie.

Robert Browning

13. Das Kontinuum des Lebens

Die Erinnerung an die Sterblichkeit drängt sich an unterschiedlichen Punkten unseres Lebens ins Bewusstsein. Manchmal schlägt sie zu wie eine Faust, manchmal streift sie uns nur federleicht. Vor einigen Jahren tippte sie mir auf die Schulter, als ich und meine Frau versuchten, unseren Kinderwunsch zu erfüllen. Nach einer ernsthaften Erkrankung musste ich als junger Mann lange Zeit täglich mehrere Medikamente einnehmen. Ich war den Drogen dankbar, die mir buchstäblich das Leben gerettet hatten. Doch dann sagten die Ärzte mir, ich könne möglicherweise niemals Kinder zeugen. Untersuchungen hatten ergeben, dass ich als Nebenwirkung der Medikamente fast vollständig unfruchtbar geworden war.

Diese Nachricht stürzte mich in eine echte Lebenskrise. Was hatte das Leben denn für einen Sinn, fragte ich mich, wenn ich eines Tages einfach von der Erde verschwinden würde, ohne Nachkommen zu hinterlassen? Spurlos vergehen würde. Jeden Morgen ging in ich einen kleinen Park in der Nähe und dachte über diese

Fragen nach. Mein Hund, der damals fast noch ein Welpe war, begleitete mich. Während ich ihm zusah, wie er umhertollte und sich vor Lebensfreude fast überschlug, wurde mir klar, dass das Leben ein Kontinuum ist. Jeder Teil davon ist mit allen anderen verbunden. Der Hund auf dem Rasen, die Schwalben über den Feldern, die reifenden Beeren an den Sträuchern. Jedes Lebewesen ist für das Wohlergehen des Ganzen von Bedeutung.

Mein Leben würde eines Tages enden, erkannte ich, aber wirklich wichtig war, dass das Leben selbst weitergehen würde. Alles, was essenziell war, würde erhalten bleiben.

Chinook ist älter geworden, und ich bin es auch. Mit elf Jahren haben dicke Tumore unter seinen Gelenken ihn heute langsamer werden lassen. Er musste sich auch an die beiden Kinder in unserem Haushalt gewöhnen, ein adoptiertes und ein nicht adoptiertes. Ich bin in meine zwei Kinder gleichermaßen verliebt und frage mich mittlerweile, warum ich damals so darauf erpicht war, unbedingt meine eigene DNA weiterzugeben. Eine Familie zu haben, das weiß ich jetzt, bedeutet nicht, dieselben Gene zu haben, sondern von derselben Liebe umgeben zu sein.

Ärzte können sich irren, wie ich erfahren habe. Wunder können geschehen. Auch Tierärzte haben manchmal unrecht, wie etwa der, der mir erklärte, dass mein Hund den Winter nicht überleben würde. Das zu hören, war wie ein Schlag in die Magengrube. Doch das ist zwei

Jahre her, und mithilfe von zwei Aspirintabletten ist Chinook noch jeden Tag bereit, ein Eichhörnchen zu jagen oder durch den Teich zu waten. In ihrer Langzeitprognose behalten Ärzte und Tierärzte allerdings meist Recht. Für uns alle, Menschen und Tiere, ist das Leben ein hundertprozentig todbringender Zustand. Wenn der Tag tatsächlich kommt und Chinook sterben muss, wird mir das etwas ausmachen. Vom Verstand her weiß ich, dass er nicht mehr lange hat, emotional jedoch werde ich wohl so wie die meisten anderen völlig unvorbereitet sein und erschrocken reagieren auf den finalen Schlag. Doch der Tod macht mir lange nicht mehr so viel Angst wie früher einmal.

Ich fühle mich an einen Traum erinnert, den ich einmal hatte. In dem Traum fahre ich allein eine einsame Straße entlang. Zu beiden Seiten der Straße erstreckt sich dichter Wald. Plötzlich springt aus dem Unterholz ein Reh hervor und bleibt auf der Straße mitten im hellen Sonnenschein stehen. Wo ich eben noch glaubte, allein zu sein, erkenne ich, dass ich von einem anderen Wesen betrachtet werde. Wir tauschen einen Blick voller Erstaunen und atemlosem Interesse. Dann verschwindet das Reh so plötzlich, wie es gekommen ist, in die schattigen Wälder auf der anderen Straßenseite. Dem ersten Reh folgt ein zweites, das ebenso plötzlich erscheint und verschwindet, dann noch ein drittes. Bei jedem der Tiere erfasst mich dieselbe Welle des Entzückens. Die Zeit scheint stillzustehen, während die Tiere eines nach dem anderen hervorspringen. Ich scheine zu beten, nicht nur mit meiner Stimme, sondern mit dem ganzen Körper, dessen Moleküle "Ja!" und "Mehr!" schreien.

Ich erkannte sofort, was dieser Traum zu bedeuten hatte. Es ging um Leben und Tod, Geburt und Wiedergeburt. Das Leben verschwindet und taucht wieder auf, jedes Mal in neuer Form und "Verkleidung". Es zeigt sich einen blitzartigen, erschreckenden, aber wunderbaren Moment lang, bevor es wieder in die undurchdringliche Dunkelheit zurückkehrt, aus der es entstanden ist. Doch in jeder seiner Manifestationen trägt es etwas in sich, das unsere Bewunderung und unsere ganze Aufmerksamkeit verdient.

Derselbe Strom fließt in uns allen. Mein alter, steifbeiniger Hund ist nicht mehr derselbe verspielte Welpe, den ich vor Jahren im Park beobachtet habe, obwohl er mir noch genauso schön vorkommt. Mein Adoptivsohn ist nicht derselbe wie meine biologische Tochter, und doch finde ich etwas von mir in beiden Kindern wieder. In jedem Kind und in jedem Lebewesen steckt etwas, das in uns die zärtlichste und hingebungsvollste Seite zum Vorschein bringt.

Es ist immer da und kann jederzeit wiederentdeckt werden, auch wenn wir es verloren zu haben glauben. Das Objekt unserer Träume wird, wenn es einmal unserem Blick entschwunden ist, wieder in unser Blickfeld hineinspringen und im Einklang mit dem Kontinuum des Lebens immerfort kommen und gehen.

Neben der Begegnung mit dem Tod in unserem eigenen Körper ist das größte Verhängnis, das einem ehrbaren Mann begegnen kann, der Tod eines Freundes. Die Freude, einen Freund zu haben, kann uns genommen werden, doch nicht der Trost darin, einen gehabt zu haben. Soll ein Mann Freundschaft und Freund beisammen begraben?

Seneca

14. Heute und morgen

*D*ie Vergangenheit können wir nicht ändern und niemals neu erschaffen. Gestern ist die Geschichte, die bereits zu Ende erzählt ist. Das Heute und das Morgen aber liegen noch vor uns und warten darauf, Wirklichkeit zu werden. Sie sind das Rahmenwerk, in dem sich unser Leben gestaltet.

Was sollen wir also tun, wenn ein vierbeiniger Gefährte stirbt? Sich fleißig zu beschäftigen, ist keine schlechte Idee. Tierschutzorganisationen brauchen immer Freiwillige, wenn es an möglichen Betätigungsfeldern mangeln sollte. Auch Spenden, die wir im Namen unserer Tiere leisten, sind stets willkommen. Doch kein Geld der Welt kann die Toten zu uns zurückbringen, und nichts, was wir tun, kann den schrecklichen Moment ungeschehen machen.

Das Leben der Menschen ist in dieser Hinsicht fast tragisch: Wir sind vergängliche, kurzlebige Wesen, und dagegen können wir absolut nichts tun. Wenn uns das nicht klar wird, dann laufen wir Gefahr, dass aus sinnvollem Engagement eine sinnlose und hektische Betriebsamkeit wird, die ans Zwanghafte grenzt und nur dazu dient, unseren eigenen Gefühlen von Verlust und Verletzbarkeit auszuweichen, obwohl wir uns ihnen unbedingt stellen müssten. Die Dunkelheit lässt sich nicht umgehen; wir müssen durch unsere finstersten Schatten hindurch, um zum Licht zu gelangen.

Doch während die Dinge, die wir *tun* können, begrenzt sind, sind die Dinge, die wir *sein* können, sehr vielfältig: geduldig, annehmend und mitfühlend mit uns selbst, sensibel gegenüber dem Mitgefühl, das uns umgibt, und voller Hoffnung, dass auch in Zeiten der Trauer die Zukunft neue Möglichkeiten bringen wird. In jedem von uns gibt es einen Kern, der lieber bejaht als verneint, sich lieber erweitert als eingrenzt. Diese Mitte in uns greifbar zu machen und sie festzuhalten, hilft uns, ein kreatives Leben aufrechtzuerhalten, wenn die Welt um uns herum chaotisch und verwirrend wird.

Trauer erfordert Zeit, und Trauer hält sich nicht an einen vorgeschriebenen Stundenplan. Auch wenn es nicht sofort geschehen wird, kann die Trauer, die wir für ein verlorenes Haustier empfinden, doch langsam verblassen, während die guten und fröhlichen Erinnerungen uns geistig erhalten bleiben. Wir erinnern uns gern an die guten Zeiten miteinander. Und schließlich können wir ruhig auf die vergangenen Jahre zurückblicken – wohl nie ganz ohne Kummer, aber mit einem starken Gefühl von Dankbarkeit für eine wunderbare Freundschaft. Wir wissen dann, wie dankbar wir sein können,

Liebe überhaupt gegeben und empfangen zu haben, egal ob für lange oder kurze Zeit. Während es also immer Zeit braucht, ist doch das schlichte Verstreichen der Stunden nie genug, um den Kummer zu besiegen. Wir müssen die Zeit zu unserer Verbündeten machen und mit ihr arbeiten anstatt gegen sie, wenn sie uns neuen Lebenszyklen entgegenträgt.

Wie können wir mit der großen Heilerin Zeit nun am besten kooperieren, während sie ihren Zauber wirkt?

- Heute und morgen können wir gut für unseren Körper sorgen; ausreichend essen, Sport treiben und regelmäßig schlafen. Wir können zum Arzt gehen, wenn es nötig ist. Wir können der Willens- und Lebenskraft in unseren Muskeln, Nerven, Knochen und Fasern erlauben, unsere Vitalität wiederherzustellen.

- Heute und morgen können wir unsere Gefühle offen zulassen. Wir können unsere Freunde und Familie um Unterstützung bitten. Wir können üben, uns selbst und anderen zu vergeben. Wir können uns klarmachen, dass wir in unserem Kampf gegen den Verlust nicht allein sind.

- Heute und morgen können wir unsere ganz persönliche und einzigartige Lebensspanne akzeptieren. Wir können uns der Möglichkeiten zur Freude und Freundschaft bewusst werden, die jeder Tag für uns bereithält. Wir können unerwünschte

Ängste und Fixierungen loslassen. Wir können der Vergangenheit erlauben, uns zu bereichern, anstatt uns zu lähmen.

• Heute und morgen können wir uns der Natur zuwenden. Wir können unsere Verbindung zu einer dynamischen und lebendigen Welt spüren. Wir können tief durchatmen und achtsam vorangehen. Wir können die Schönheit der Wolken und aller lebenden Dinge betrachten. Wir können uns mit der Erde anfreunden, aus der wir stammen und zu der wir wieder werden. Wir können uns für die Wunder öffnen, die hoch über uns und tief unter uns geschehen.

• Heute und morgen können wir uns auch unserem Inneren zuwenden. Wir können uns Zeit fürs Gebet nehmen, für die Meditation oder einfach zum Nachdenken. Wir können die Stille zelebrieren. Wir können unser unausgesprochenes und unformuliertes Inneres in Briefen oder Tagebucheinträgen zu Wort kommen lassen. Wir können zu Kanälen des Universums werden. Wir können uns der Führung unserer Träume und Visionen überlassen.

• Heute und morgen können wir die Präsenz des Göttlichen heraufbeschwören. Wir können in der Kirche, in der Synagoge, in der Moschee, im Tempel oder in den stillen Kammern tief in uns Zwiesprache halten. Wir können uns den Lehren der

alten religiösen Schriften öffnen, die von der Ewigkeit in einer Welt des Wandels erzählen, und wir
können uns an unsere eigene innere Wahrheit halten. Wir können den Glauben daran bewahren,
dass trotz Krankheit, Abschied und Tod alles auf
der Welt von Güte und Gnade geleitet wird.

• Und schließlich können wir dafür sorgen, dass wir
das Leben nicht noch komplizierter machen, als
es schon ist. Als ich vor einiger Zeit einmal besonders niedergeschlagen war, fragte ich meine Tochter
um Rat, ob sie eine Kur gegen schlechte Laune
wüsste. "Wenn du traurig bist", schlug sie mit ihrer
Grundschullogik vor, "probier doch etwas, bei
dem du Spaß hast." Das war ein guter Rat, den ich
Ihnen gerne weitergebe.

Die Heilung setzt ein, wenn wir sie zulassen – vermutlich nicht heute oder morgen, aber irgendwann
doch. Wir müssen nur durchhalten, von einem Tag zum
anderen oder, wie eines meiner Gemeindemitglieder
sagt, eine Frau, die gern vorausplant: von zwei Tagen
auf die nächsten zwei. Wenn es uns gelingt, nur ein
wenig freundlicher und achtsamer zu sein und in besserer
Verbindung zu unserer gesunden Mitte zu bleiben, denn
können wir darauf vertrauen, dass die Zeit Erfolg hat
mit ihrer Zauberkur.

Der kantige alte Nordmann sprach vom Tod als »Heimgang«.

Also gehen die Schneeflocken heim, wenn sie schmelzen und ins Meer fließen, und die Felsfarne rollen, nachdem sie ihre Blätter dem Licht geöffnet und die Felsen verschönert haben, im Herbst die Blätter wieder ein und werden eins mit der Erde. Myriaden jubelnder lebendiger Kreaturen sinken täglich, stündlich, vermutlich jeden Augenblick in die Arme des Todes. Staub zu Staub, Seele zu Seele.

John Muir

15. Eine letzte Gabe

Eine unserer Kirchgängerinnen lud mich ein, mit meinen Kindern im Frühjahr ihre Farm zu besuchen und die neugeborenen Lämmer zu sehen. Also zogen wir eines sonnigen Sonntagsnachmittags Ende März los. Die Fahrt über ungeteerte Straßen und mit herrlichem Blick über die benachbarten Hügel war nur kurz – in Vermont ist man nirgends weit vom Land entfernt.

Es waren 17 Lämmer da, und drei der Schafe waren noch trächtig. Ein zotteliger Widder mit riesigen Hörnern stand im Hof angebunden und starrte uns aus gelben Augen angemessen feindselig an, als wir das Schafgehege betraten. Keines der Lämmer war älter als drei Wochen, sie alle waren ausgelassener Laune, erklommen die kleinen Inseln aus Heu, die dort zu ihrer Stärkung angehäuft waren, rutschten fröhlich hinab oder wurden von ihren Geschwistern beiseitegedrängt, dann liefen wieder alle gemeinsam entschlossen dem Heuberg entgegen, als wollten sie der Schwerkraft trotzen. Ihr Übermut übertrug sich auf die Kinder, die auch zu hüpfen begannen. Obwohl der Schnee noch 30 cm hoch lag und wir gleich ins Haus wollten, um uns aufzuwärmen, war doch die Zeit der Erneuerung klar gekommen.

Ein Lamm trug den Namen Hope für Hoffnung. Die Kleine war kurz nach einer weniger glücklichen Totgeburt stark und gesund zur Welt gekommen. Obwohl Verluste dieser Art traurig sind, gehören sie für die Landbevölkerung doch einfach dazu. Dort versteht man den Tod als Teil des Lebens, ebenso wie Schwangerschaft, Wachstum, Geburt und das Altern. Nur in unserer modernen, technologisierten Gesellschaft erscheint der Tod als fremd und furchteinflößend, weil wir in unserer kontrollierten und künstlich erstellten Umgebung nicht mehr an ihn gewöhnt sind.

Für viele von uns, die in Städten und Vororten leben, ist ein Haustier die engste Verbindung zur Natur, die wir haben. Viele können das Lammen im Frühling nicht mehr erleben und müssen sich anstrengen, um im Herbst dem Gesang der Wildgänse auf ihrem Weg nach Süden lauschen zu können. Doch durch die Tiere, die in unseren Häusern wohnen, erleben wir wenigstens etwas vom Wunder des natürlichen Lebens. Unsere vierbeinigen Freunde bleiben Teil einer natürlichen Ordnung, in der Anfang und Ende untrennbar miteinander zu einem großen Gewand des Lebens verwoben sind.

Ob wir ein Kätzchen beobachten, das die Augen zum allerersten Mal öffnet, oder den letzten Atemzug den Körper unseres altvertrauten Hundes miterleben – wir werden Zeugen der beiden Seiten desselben wundersamen Ereignisses. Aus dem unerschöpflichen Reich der Möglichkeiten erwacht ein einmaliges Wesen zum Leben, schaut kurz aufs Universum hinaus, gibt seine Lebensenergie an künftige Generationen weiter und wird dann wieder eins mit der Unendlichkeit, aus der es einst entstand. Seit Millionen Jahren entwickelt und verewigt sich das Leben auf genau diese Weise.

Geburt und Tod – könnten wir uns einen schöneren Weg vorstellen, um diese Welt zu betreten, oder einen natürlicheren Ausgang am Ende? Tiere bereichern unser Leben unendlich durch ihre Verspieltheit, ihre Ruhe, ihre Treue und ihre Zuneigung. Wenn sie uns zeigen, dass der Tod nicht unser Feind ist, sondern nur ein Moment im endlosen Weltgeschehen aus Werden, Vergehen und Erneuern, dann haben sie uns eine letzte Gabe gewährt.

Anregungen

Eine Auswahl an Texten
über das Leben und den Tod.
Mit Hinweisen und Anregungen,
wie wir das Andenken an unsere vierbeinigen
Gefährten würdig wahren können.

Die eigene Trauerfeier

*W*enn eines meiner Gemeindemitglieder verstirbt, biete ich den Angehörigen normalerweise ein Buch mit Lesestoff an, der ihnen in Form von Gedichten, Gebeten und Meditationen dabei helfen kann, in Ruhe über die letzte Episode des Lebens nachzudenken. Es soll sie ermuntern, ihre Gedanken zu sammeln. Es soll sie auffordern, zu einer Zeit, in der die äußere Welt einfach zu überwältigend scheint, ihren Blick nach innen zu richten. Es soll sie mit einem spirituellen Erbe verbinden, in dem zwar der Verlust ein unvermeidlicher Teil der menschlichen Lebenserfahrung ist, in dem aber die Liebe ebenso stark und dauerhaft vertreten ist.

Die folgende Lektüre ist speziell denen gewidmet, die ein Tier verloren haben. Die Verfasser stammen aus vielen Jahrhunderten, vom alten Rom bis zu den USA der Gegenwart. Sie repräsentieren eine Bandbreite religiöser Perspektiven von den Navajo über die Hindi bis zu den Christen. Manches ist verstorbenen Gefährten gewidmet. Andere Texte beziehen sich auf die Rolle, die

Tiere allgemein in unserem Leben spielen, auf die Resig-
nation oder die Hoffnung. Da die Themen so stark variieren, werden Sie sicherlich einiges für sich bedeutsamer
finden als anderes. Aber es ist dennoch tröstlich zu
wissen, dass Menschen dem Tod zu jeder Zeit an jedem
Ort ins Auge gesehen haben und dennoch in den ver-
schiedensten Traditionen genügend Gründe fanden, dem
Leben weiter zu vertrauen.

Vielleicht wollen Sie ein Zitat, das besonders zutreffend
scheint, in einen eigens veranstalteten Trauergottesdienst
für Ihr Tier einbringen. Diese Feier kann zu Hause statt-
finden, an der Grabstätte des Tieres oder in der Natur,
wo Sie vielleicht einen Baum oder Blumen in einer ru-
higen Ecke pflanzen, als Symbol unserer Verbindung zur
Erde, welche die Quelle des Lebens und der Wiedergeburt
ist. Einige setzen auch in der freien Natur ein Zeichen
für ihr verstorbenes Tier oder kaufen einen besonderen
Rahmen für das schönste Foto ihres Hausgefährten. Ein
Beispiel für das Abschiedsritual einer Familie, das Sie als
Vorlage für Ihre eigene Trauerfeier verwenden können,
findet sich ganz am Ende dieses Abschnitts.

Eine Gedenkfeier kann man allein feiern, man kann
aber auch Freunde und Familienmitglieder dazu einladen.
Es kann vorkommen, dass nicht alle, die ein Tier geliebt
haben, bei dessen Tod dabei sein können. Kinder, die
mit dem Tier zusammen aufwuchsen, sind vielleicht
schon an der Universität. Sich mit dem Tod zu versöhnen,
ist aber oft für diejenigen besonders schwer, die nicht
persönlich Abschied nehmen können. Eine Trauerfeier

zu einem späteren Zeitpunkt, wenn alle, die betroffen sind, sich vollständig versammeln können, bietet dann für alle Gelegenheit, gemeinsam zu trauern und sich gegenseitig bei der Heilung zu unterstützen.

In den meisten Gedenkfeiern, die ich abhalte, gibt es eine Schweigezeit, in der die Teilnehmer allein mit ihren Gedanken sein können, sowie einen kurzen Gedankenaustausch, bei dem die Anwesenden aufgefordert sind, ihre schönsten, liebevollsten Erinnerungen an den Verstorbenen miteinander zu teilen. Eine Bibellesung zu Beginn des Gottesdienstes und ein Gebet am Ende verleihen der Zeremonie einen einfachen Rahmen der Andacht und Dankbarkeit, der die wenigen Minuten liebevollen Gedenkens als etwas ganz Besonderes, Heiliges auszeichnet. Zu einer typischen Zeremonie gehören die folgenden Elemente:

• DIE EIGENE MITTE FINDEN: Beginnen Sie mit einer Meditation, die Sie mit der Quelle Ihres eigenen Wesens in Verbindung bringt. Manche wählen vielleicht eine Passage aus dem Werk des Franziskus von Assisi, andere eine aus der Bhagavadgita oder einer anderen religiösen oder spirituellen Tradition. Wenden Sie sich einer Wahrheit zu, die für Sie lebensspendend und zuverlässig ist. Ob Sie sie nun Gott nennen, Universum oder Mutter Erde: Diese Wahrheit bietet den Kontext, in dem alle Wesen leben und atmen, und bringt die Hoffnung auf Erneuerung.

- DEN VERLUST ANSPRECHEN: Verleihen Sie der Trauer Ausdruck, die dem Tod eines geliebten Gefährten gebührt. Geben Sie Ihrem Schmerz einen Namen. Einige Zitate, die Sie hier finden, vermitteln die trostlos-düstere Stimmung, die die Trauer mit sich bringen kann. Eine Gedenkfeier sollte uns Gelegenheit geben, guten Gewissens zu weinen und unserer Trauer ein Ventil zu geben.

- DIE ERINNERUNG EHREN: Während eine Trauerfeier, wie der Name sagt, natürlich Gelegenheit bietet zu trauern, sollte sie es uns auch ermöglichen, unseren Dank auszusprechen. Erinnern Sie sich an alles, das besonders, lobenswert oder auch sonderbar an Ihrem Tier war. Gedichte wie jenes zu Beginn von Kapitel 7, das der kleine John Gittings für seinen Kater Celestino verfasst hat, oder Gebete wie das von George Appleton, das Sie in diesem Abschnitt finden, feiern die Schönheit, die wir in anderen Geschöpfen finden. Mit einem Gedicht oder Gebet aus diesem Buch oder mit einem, das Sie selbst verfasst haben, können Sie Ihre Gefühle der Dankbarkeit für diese erlebte Schönheit in Worte kleiden.

- HOFFNUNG ÄUSSERN: Die meisten Gedenkfeiern, die ich durchführe, schließen mit einer Affirmation des Lebens "danach". Idealerweise inspiriert die Erfahrung des Verlustes uns, füreinander zu sorgen und jeden Tag, der uns gegeben wurde, zu schätzen,

zu uns selbst liebevoller zu sein und uns der Welt
um uns mehr Anerkennung entgegenzubringen.
Lassen Sie auch Ihre Hoffnungen für die Zukunft
nicht unerwähnt. Wie hat Sie die Zeit, die Sie mit
Ihrem Haustier verbringen konnten, verändert?
Auf welche Weise möchten Sie in den kommenden
Jahren anders, achtsamer oder zielgerichteter leben?

Außer mit dieser Trauerfeier möchten Sie vielleicht
das Andenken an Ihr Haustier auch nach seinem Tod
regelmäßig pflegen. War Ihr vierbeiniger Gefährte beispielsweise zehn Jahre alt, könnten Sie nach seinem Tod
zehn Tage nacheinander eine Kerze bei Tisch anzünden.
Sie könnten eines der hier vorgestellten Zitate zu Ihrem
kleinen Ritual verlesen. Nehmen Sie sich einen Moment
Zeit, um sich genau zu erinnern, wo Sie in jedem der
zehn gemeinsam verbrachten Jahre waren und was Sie
zusammen getan haben. Auch eine bestimmte Zeitspan-
ne, die Sie nur der Trauer widmen – zum Beispiel ein
paar Minuten jeden Morgen nach dem Aufwachen oder
jeden Abend vor dem Einschlafen – garantiert Ihnen jeden Tag Zeit zur Verarbeitung Ihrer Trauer. Vielen Menschen hilft auch eine kleine Gedenkzeremonie an Jah-
restagen, nach einem Monat etwa oder auch jedes Jahr
wieder zum Todestag des Tieres.

Dem Leben (und damit ist auch seine letzte Phase
gemeint) Bedeutung zu verleihen, ist der beste Weg,
um Trauer in Weisheit zu verwandeln. Einen Zweck für
unsere Existenz zu finden, verleiht auch unserem Leiden

einen Sinn. Wir sollten unsere Verluste in einen viel größeren Rahmen des Verstehens einbinden können, der Geburt und Tod als wichtige Bestandteile des Ganzen begreift. Solch eine Bedeutung, solch ein Verständnis aber können wir nur in uns selbst entdecken. Zum Glück stehen uns die Dichter und Philosophen vieler Jahrhunderte und Kulturen bei dieser Suche helfend zur Seite.

Zitate und Gedichte zum Gedenken – eine Auswahl

Du hast den Mond gemacht,

das Jahr danach zu teilen;

die Sonne weiß ihren Niedergang.

Du machst Finsternis, dass es Nacht wird;

da regen sich alle wilden Tiere ...

Es warten alle auf dich,

dass du ihnen Speise gebest zur rechten Zeit.

Wenn du ihnen gibst, so sammeln sie;

wenn du deine Hand auftust,

so werden sie mit Gutem gesätt gt.

Verbirgst du dein Angesicht, so erschrecken sie;

nimmst du weg ihren Odem, so vergehen sie

und werden wieder Staub.

Du sendest aus deinen Odem,

so werden sie geschaffen,

und du machst neu die Gestalt der Erde.

Psalm 104, 19-30

Gelobt seist du, mein Herr,

mit allen deinen Geschöpfen,

zumal dem Herrn Bruder Sonne;

er ist der Tag, und du spendest uns

das Licht durch ihn …

Gelobt seist du, mein Herr, durch Schwester Mond und

die Sterne;

am Himmel hast du sie gebildet, hell leuchtend

und kostbar und schön.

Gelobt seist du, mein Herr, durch Bruder Wind

und durch Luft und Wolken und heiteren Himmel und

jegliches Wetter,

durch das du deinen Geschöpfen den

Unterhalt gibst …

Gelobt seist du, mein Herr, durch unsere Schwester,

Mutter Erde,

die uns ernähret und behütet

und vielfältige Früchte hervorbringt und

bunte Blumen und Kräuter …

Gelobt seist du, mein Herr, durch unsere Schwester, den

leiblichen Tod;

ihm kann kein Mensch lebend entrinnen …

Lobt und preist meinen Herrn

und sagt ihm Dank und dient ihm mit großer Demut.

Franziskus von Assisi, »Sonnengesang«

Ich bin das feurige Leben göttlicher Essenz,

die in der Schönheit der Felder glüht.

Ich schimmere im Wasser, ich brenne in der Sonne und

dem Mond und den Sternen.

Mein ist die rätselhafte Kraft

des unsichtbaren Windes.

Ich hauche allen Leben ein,

auf dass nichts in seiner Art sterblich sei.

Denn ich bin das Leben.

Hildegard von Bingen

Ich bin die Treue zum Selbst

im Herzen aller Wesen;

ich bin ihr Anfang,

ihre Mitte und ihr Ende.

Wisset, dass mein Leuchten,

flammend in der Sonne

im Mond und im Feuer,

das ganze Universum erleuchtet.

Bhagavadgita

Und es gibt kein Tier auf der Erde und
keinen Vogel, der mit seinen Flügeln fliegt,
ohne dass es Gemeinschaften
wären gleich euch …
Schließlich werden sie zu ihrem Herrn
versammelt werden.

Koran, Sure 6, 38

Wisset zuerst, dass der Himmel und
die dichte Gestalt der Erde
und fließende Gewässer und die Sterne über uns
und die strahlenden Lichter nur durch eine einzige Seele
erweckt und ernährt und belebt werden.
Dieser wache Geist, der allen Raum durchdringt,
vereint und mischt sich mit der großen Masse:
Daher beziehen Menschen und Tiere
den Atem des Lebens und
die Vögel der Luft und
die Bestien des Festlands.
Die himmlische Kraft ist in allem dieselbe,
und jede Seele ist erfüllt vom selben Feuer.

Vergil, Aeneis

Alle hellen und schönen Dinge,
alle großen und kleinen Geschöpfe,
alles, was weise ist und wunderbar,
hat Gott der Herr erschaffen.

Cecil Frances Alexander, »All things bright and beautiful«

O Gott, wir danken dir
für die Geschöpfe, die du erschaffen hast,
so perfekt auf ihre Art,
für große Tiere wie den Elefanten und das Nashorn,
für lustige Tiere wie das Kamel und den Affen,
für freundliche Tiere wie den Hund und die Katze,
für Arbeitstiere wie das Pferd und den Ochsen,
für furchtsame Tiere wie das Eichhörnchen
und das Kaninchen,
für majestätische Tiere wie den Löwen und den Tiger,
für Vögel und ihre Gesänge.
O Herr, gib uns die Liebe zu deiner Schöpfung,
auf dass Liebe die Furcht vertreibe
und all deine Geschöpfe
in Männern und Frauen wie uns
ihre Priester und Freunde nur sehen …

George Appleton

Auf Wiedersehen, geliebter Freund _____

Das Insekt in der Pflanze, die Motte,
die ihr kurzes Leben damit verbringt,
die Kerzenflamme zu umschwirren – ja das Leben, das
jedem Wassertropfen innewohnt,
sind ebenso Teil von Gottes besonderer Vorsehung wie
der mächtigste Monarch auf seinem Thron.

Henry Bergh, Gründer der US-Tierschutzorganisation »American Society for the Prevention of Cruelty to Animals«

Wir brauchen ein anderes, ein klügeres und vielleicht
ein mystischeres Verständnis von Tieren.
Wir erheben uns über sie wegen ihrer scheinbaren Un-
vollkommenheit, weil es ihnen tragischerweise beschieden war, so weit »unter« uns Gestalt anzunehmen. Darin
aber irren wir – und zwar gründlich. Denn ein Tier soll
nicht an einem Menschen gemessen werden. In einer
älteren und vollkommeneren Welt bewegten sie sich
vollendet und mit Sinnen begabt, die wir verloren oder
niemals erworben haben, hörten auf Stimmen, die wir
niemals hören werden. Sie sind nicht unsere Brüder und
nicht unsere Knechte, sie sind andere Völker, die mit
uns gemeinsam im Netz des Lebens und der Welt
gefangen sind, Mitgefangene des Glanzes und
der Mühsal, die vor uns liegen.

Henry Beston

Wir sollten verstehen, dass alle Dinge das Werk des Großen Geistes sind. Wir sollten wissen, dass der Große Geist in allen Dingen ist: den Bäumen, den Gräsern, den Flüssen, den Bergen und den vierbeinigen und geflügelten Völkern; noch wichtiger ist zu verstehen, dass der Große Geist über all diesen Dingen und Völkern steht. Wenn wir das tief in unserem Herzen begreifen, dann fürchten und lieben und kennen wir den Großen Geist, und dann sind wir und handeln wir, wie der Große Geist es beabsichtigt.

Nicholas Black Elk

Liebe Gottes Schöpfung, das ganze Universum und jedes Sandkorn darin. Liebe jedes Blättchen, jeden Strahl von Gottes Licht; liebe die Tiere, liebe die Pflanzen, liebe jedes Wesen. Erst wenn du jedes Wesen liebst, kannst du das Mysterium des Herrn in seiner Schöpfung erkennen.

Fjodor Dostojewski

Wäre ich allein in der Wüste und hätte ich Angst,
dann wünschte ich mir ein Kind bei mir.
Denn dann würde meine Furcht verschwinden
und ich wäre stark.
Das kann das Leben selbst erreichen,
denn es ist so edel,
so voller Freude und so machtvoll.
Könnte ich aber kein Kind bei mir haben,
dann wünschte ich mir ein lebendes Tier zur Seite,
das mich trösten könnte.
Also lasst jene, die wunderbare Dinge vollbringen in
großen, dunklen Büchern,
ein Tier an ihrer Seite haben, das ihnen hilft.
Das Leben in dem Tier wird auch ihnen Kraft verleihen.
Denn Gleichheit verleiht Kraft in allen Dingen und zu
jeder Zeit.

Meister Eckhart

»Ich möchte von Ihnen nicht besänftigt werden – sondern die Wahrheit hören. Ich weiß, dass Sie noch sehr
jung sind, aber sagen Sie mir bitte: Was glauben Sie?
Werden meine Tiere mit mir gehen?«
Unverwandt sah sie mir in die Augen. Ich wand mich
ein wenig in meinem Stuhl und schluckte vernehmlich.
»Mrs Stubbs, ich fürchte, mir ist das alles nicht so klar«,
sagte ich. »Aber eines weiß ich mit absoluter Sicherheit:

Wo auch immer Sie hingehen,

werden sie Ihnen folgen.«

Sie starrte mich weiter an, aber ihre Miene klärte sich.

»Danke, Mr. Herriot. Ich weiß, Sie sind ehrlich zu mir. Das

glauben Sie wirklich, nicht wahr?«

»Ich glaube es«, sagte ich. »Von ganzem Herzen.«

James Herriot, »Early Days in Darrowby«

»Christopher Hogwood«, sagte Lilla zu mir nach seinem
Tod, »war ein großer buddhistischer Meister für uns.
Er hat uns gelehrt zu lieben. Das zu lieben, was das Le-
ben uns zu bieten hat – unseren Schweinefraß zu
lieben. Was für eine große Seele!«, sagte sie.
»Er war ein Geschöpf aus reiner Liebe.«
Es stimmte. Er liebte Gesellschaft. Er liebte gutes Essen.
Er liebte die warme Sommersonne, die Bauchmassage
durch ihre kleinen Finger. Er liebte sein Leben. »Diese
Liebe«, versprach mir Lilla, »ist nicht verloren. Sie kann
niemals verloren gehen.« Christopher Hogwood wusste
das saftige Aroma dieser üppigen, süßen und grünen
Welt zu schätzen. Allein das zu lernen, wäre Geschenk
genug gewesen. Doch er zeigte uns noch eine andere
Wahrheit. Dass ein Schwein nicht zu Schinken werden
muss, sondern 14 Jahre lang in Sorglosigkeit und in
Anbetung leben kann, bis es friedlich von selbst
entschläft – das ist ein Beweis, dass wir nicht immer nur

»praktisch« denken müssen. Wir müssen die Regeln nicht akzeptieren, die unsere Gesellschaft oder Spezies oder Familie oder unser Schicksal für uns vorzusehen scheint. Wir können einen neuen Weg gehen. Wir haben die Macht, eine Geschichte der Trauer in eine Geschichte der Heilung zu verwandeln. Wir können das Leben dem Tod vorziehen. Wir können uns von Liebe heimgeleiten lassen.

Zurzeit steht der Schweinepalast leer. Die Leute fragen: »Holst du ein neues Schwein?« Das weiß ich nicht. Aber ich weiß eines: Eine große Seele kann jederzeit unter uns erscheinen, und zwar in Gestalt jedes Geschöpfes. Ich halte die Augen offen.

Sy Montgomery, »Das glückliche Schwein«

Die Zeit ist zu langsam für jene, die warten; zu schnell für jene, die fürchten; zu lang für jene, die trauern; zu kurz für jene, die frohlocken. Doch für jene, die leben, ist die Zeit auch die Ewigkeit. Stunden vergehen, Blumen verwelken, neue Tage, neue Wege entstehen. Die Liebe bleibt.

Anonyme Inschrift auf einer Sonnenuhr, University of Virginia

Eines Hundes Leben ist aussichtslos, o Herr,
mögen wir noch so viel springen und spielen;
unser Kummer – und das bricht uns das Herz –
ist unser zu kurzes Leben.
»Eines Hundes bester Freund ist der Mensch«, sagen sie,
»ob Mann, ob Frau, ob Heiliger, ob Schurke.«
Also sehnen sich Hunde, dies Leben zu begleiten
von Kindheit bis zum Grab.
Wir leben zu rasch! Mit drei Monaten schon
sind wir wie ein vierjähriges Kind.
Mit einem Jahr sind wir so weit
wie unser Freund mit sechzehn.
In zwei Jahren nur sind wir erwachsen
wie ein Mensch von fünfundzwanzig.
Und sind wir mal zehn, dann sind wir alt
und froh, noch immer zu leben.
Erhör unser Gebet, vergib unseren Drang,
zu springen, zu bellen, zu knurren,
müssen wir doch eine Welt voller Liebe
in ein so kurzes Leben zwängen.

William Cleary, »Klagelied des Hundes«

Eines Nachts rief ein Mann: »Allah, Allah!«
Seine Lippen süß in Lobpreisung, bis ein Zyniker sagte:
»Jetzt habe ich dich laut rufen gehört,
doch bekamst du je eine Antwort?«

Darauf hatte der Mann keine Erwiderung.
Er hörte auf zu beten und fiel in verwirrten Schlaf. Ihm
träumte, er sähe Khidr, den Führer der Seelen,
in dichtem, grünem Blattwerk.
»Warum betest du nicht mehr?«
»Weil ich nie eine Antwort bekommen habe.«
»Deine Sehnsucht danach, das ist deine Antwort. Der
Gram, aus dem du Ihn anrufst, stellt eure Verknüpfung
schon her. Deine reine Trauer, die Hilfe erfleht, ist der
geheime Kelch. Horch auf einen Hund, der nach
seinem Herrn jault. Das Jaulen selbst ist die Verbindung.
Es gibt solche Hunde der Liebe, die niemand mit
Namen kennt. Gib dein Leben dafür,
einer von ihnen zu sein.«

Dschalal ad-Din ar-Rumi, »Hunde der Liebe«

Es gibt Kummer genug auf natürliche Art,
Männern und Frauen den Tag zu verderben;
Wenn wir unsere Sorgen also schon kennen,
warum verschaffen wir uns noch neue dazu?
Brüder und Schwestern, ich bitt euch, verliert
euer Herz nicht an einen Hund, der es nur bricht.
Wenn das Wesen, das stets euren Willen erfüllte,
sein Willkommen für immer verstummen lässt,
wenn die Seele, die auf jede eurer Launen gehört,
auf ewig verschwindet, man weiß nicht, wohin,

dann werdet ihr sehen, wie sehr euer Herz
dem Hunde gehörte, der es nur brach.

Rudyard Kipling, »Die Macht des Hundes«

Denn ich will gedenken meines Katers Jeoffry.
Denn er ist der Diener des lebendigen Gottes,
ihm täglich rechtschaffen dienend.
Denn vom ersten Blick auf die Glorie Gottes im Osten
huldigt er ihm auf seine Art.
Denn das geschieht, indem er seinen Körper
siebenmal in eleganter Schnelle herumschwingt.
Denn dann springt er auf, um den Moschusbock
zu jagen, was Gottes Segen für sein Gebet sei.
Denn er treibt manch Schabernack in seinem Dienst.
Denn hat er seinen Dienst getan und seinen Segen
erhalten, beginnt er, sich selbst zu betrachten.
Denn das geschieht in zehn Graden.
Denn erstens betrachtet er seine Vorderpfoten zu
schauen, ob sie rein seien.
Denn zweitens tritt er nach hinten aus, um Klarheit
zu schaffen.
Denn drittens begibt er sich in Dehnung mit
gestreckten Vorderpfoten.
Denn viertens schärft er die Krallen im Holz.
Denn fünftens wäscht er sich.
Denn sechstens wälzt er sich nach dem Waschen.

Denn siebentens befreit er sich von Flöhen,

auf dass sie ihn nicht unterbrechen.

Denn achtens schabt er sich am Pfeiler.

Denn neuntens schaut er auf nach Unterweisung.

Denn zehntens geht er auf Suche nach Nahrung.

Denn nachdem er Gott und sich betrachtet,

wird er seinen Nachbarn betrachten …

Denn Gott segnete ihn mit der Vielfalt

seiner Bewegungen.

Denn kann er auch nicht fliegen,

ist er doch ein Meister im Klettern.

Denn seine Bewegungen auf dem Antlitz der Erde sind

mehr denn die eines jeglichen anderen Vierbeiners.

Denn er kann in jedem Taktmaß zur Musik milchtreten.

Denn er kann um sein Leben schwimmen.

Denn er kann kriechen.

Christopher Smart, »Of Jeoffry, His Cat«

Ja, du magst dein Brot fressen und die Hand lecken,

die dich füttert; du magst umhertollen

am Abend und nachts dich zurückziehen

auf dein Lager aus Stroh und dort ungestört

schlummern;

denn ich habe dein Vertrauen gewonnen, habe alles,

das menschlich in mir ist, deinem Schutz verschrieben,

deiner unschuldigen Dankbarkeit und Liebe.

Überlebe ich dich einst, werde de n Grab
ich dir schaufeln;
und lege ich dich hinein, werde seufzend ich sagen:
»Ich kannte einen Hasen, der hatte einen Freund.«

William Cowper, »Mein Hase«

Steht nicht an meinem Grab und weint.
Ich bin nicht dort, ich schlafe nicht.
Ich bin die tausend Winde, die wehen.
Ich bin der helle Glanz auf dem Schnee.
Ich bin das Sonnenlicht auf dem reifen Korn.
Ich bin der milde Regen im Herbst.
Wenn ihr in der Morgenstille erwacht,
bin ich das ermunternde Flattern
der Vögel dort oben im Flug.
Ich bin das sanfte Sternenlicht in der Nacht.
Steht nicht an meinem Grab und weint.
Ich bin nicht dort, ich schlafe nicht.

Anonym

Nichts geht jemals verloren,
keine Geburt, kein Charakter, keine Gestalt –
kein Ding auf der Welt,

weder Leben noch Kraft noch
irgendein sichtbares Ding;
der Anschein darf nicht trügen, verschobene Sphären
den Verstand nicht verwirren.
Reich sind die Zeit und der Raum –
reich ist die Natur.

Walt Whitman, Grashalme

Was ist das Leben? Es ist das Leuchten eines Glühwurms
in der Nacht. Es ist der Atem des Büffels zur Winterzeit.
Es ist der kleine Schatten, der über das Gras wandert
und sich im Sonnenuntergang verliert.

Crowfoot, Stammeshäuptling der Schwarzfußnation

Für jene, o Herr, das niedere Vieh,
die mit uns die Last und die Hitze des Tages ertragen
und ihr unbescholtenes Leben opfern
dem Wohlergehen der Menschheit;
und für die wilden Tiere,
die du klug, stark und schön erschaffen hast,
für diese bitten wir
dich in deiner großen Herzensgüte,

denn du hast versprochen, uns zu retten,

die Menschen wie die Tiere,

und groß ist dein Erbarmen,

O Herr, du Erlöser der Welt.

Basilius der Große, Erzbischof von Caesarea

Im Haus des langen Lebens

werde ich wandern.

Im Haus des Glücks

werde ich wandern.

In Schönheit vor mir

werde ich wandern.

In Schönheit hinter mir

werde ich wandern.

In Schönheit über mir

werde ich wandern.

In Schönheit unter mir

werde ich wandern.

Im Alter noch immer

auf dem Weg der Schönheit

werde ich wandern.

In Schönheit werde ich enden.

Nachtgesang der Navajo

Gesegnet seien die Spielerischen,

denn sie sind umgeben von Liebe und Lachen.

Gesegnet seien die Sorglosen,

denn durch sie finden wir Frieden.

Gesegnet seien die Besitzlosen,

denn sie sind reich in ihrer Seele.

Gesegnet seien die Unschuldigen,

denn ihrer ist das Himmelreich.

Gesegnet seien die Tiere,

und gesegnet seien wir.

Gary Kowalski

Ein Abschiedsritual

Im Gedenken an Lady. Liebevolle Gefährtin, weise Lehrerin – und immer zum Spielen aufgelegte Retriever-Hündin

Errol G. Sowers

Als der Tierarzt uns mitteilte, unsere liebe zwölfjährige Golden-Retriever-Hündin habe nur noch zwei Monate zu leben, war die Überraschung nicht groß. Der Tumor auf ihrer Wirbelsäule bildete ständig Metastasen und wuchs täglich. Zusammen mit Ladys schwerer Arthritis in den Hinterläufen bedeutete das nichts Gutes für unseren Hund, das war uns klar. Dennoch schmerzte uns ihr so bald bevorstehender Tod. In den nächsten sechs Wochen erlebten wir Freude und Trauer gleichermaßen. Auch Lady wusste, dass sie jeden Tag auskosten musste. Trotz ihrer Schmerzen bestand sie auf ihrem Lieblingsspiel – Steine werfen und apportieren.

Jedes Mal schien dabei die Vitalität ihrer Jugend wieder zum Vorschein zu kommen, wenn auch nur für den Augenblick. Ein paar Tage bevor der Tumor schließlich durch die Haut zu brechen drohte, kam der Tierarzt zu uns. Wir hatten beschlossen, Ladys Leben in ihren letzten Stunden angemessen zu würdigen und bei ihrem Übergang zum Tod alle anwesend zu sein. Wir wussten noch nicht, dass dieser Schritt am meisten zu unserem eigenen Trost beitragen würde.

Obwohl keine formelle Zeremonie geplant war, hatten wir, meine Frau Meredith und ich, unser Sohn Mark und zwei enge Freunde, Jeremy und Helena, uns auf einem sonnigen Hügel in der Nähe des offenen Grabes, das wir zuvor ausgehoben hatten, versammelt. Dort gestalteten wir gemeinsam eine Abschiedsfeier, die vier Grundelemente umfasste:

1. WÜRDIGUNG DES LEBENS. Wir setzten uns auf den Boden, und ich nahm Ladys Kopf auf meinen Schoß. Während wir sie abwechselnd streichelten, gedachten wir der Zeit, die wir mit ihr verbracht hatten. Ohne die Tränen zurückzuhalten, erinnerte ich mich daran, wie Lady immer meine Hand geleckt hatte, und an den kleinen Tanz, den sie bellend aufführte, wenn sie Steine holen wollte. Meredith beschrieb die stolze Art, in der Lady ihr Territorium beschützte, sich in Positur warf und laut bellte, sobald ein anderer Hund sich unserem Grundstück auch nur zu nähern wagte. Selbst dass

sie immer wieder die Blumen im Vorgarten ausge-
buddelt hatte, brachte freundliche Erinnerungen
zurück.

2. BESÄNFTIGUNG Wir hatten keine Zweifel, dass Lady
wusste, ihre Zeit in dieser Welt näherte sich ihrem
Ende. Sie sah mich ein letztes Mal aus ihren sanften
braunen Augen an, als wolle sie sagen: "Ist schon
gut. Ich bin bereit. Ich habe keine Angst. Danke,
dass ihr bei mir bleibt, wenn ich jetzt gehe." Bei unserem Versuch, sie zu beruhigen, stellte sich heraus,
dass wir diejenigen waren, die besänftigt wurden.
Dabei zu sein, wenn man sein Haustier aus Rücksicht
einschläfern lässt, ist ein Akt der Liebe und ebenso
Balsam für die eigene Seele und deren Leid.

3. ÜBERGABE AN DAS EWIGE LEBEN. Als Mark und ich
Ladys schlaffen, stillen Körper zum Grab trugen
und vorsichtig hineinlegten, hatten wir ein erhe-
bendes Gefühl, so als sei Gott stärker anwesend
als sonst. Die Energie lag spürbar in der Luft, und
wir wussten tief im Herzen, dass alles gut war. In
diesem kurzen Moment, in dem wir den Körper
eines geliebten Tieres wieder der Erde überantwor-
teten, spürten wir genau, wie kostbar das Leben ist
und dass wir alle untrennbar miteinander und mit
dem Schöpfer verbunden sind.

4. GEDENKEN IN LIEBE. Unsere vierbeinigen Freunde
sind gute Lehrer. Sie geben sich ohne Zögern dem
Strom des Lebens hin und akzeptieren den Tod

mit größerem Mut als die meisten Menschen. Als wir über diese Erfahrung des Lebens, des Todes – und, wie wir glauben, der Wiedergeburt – nachdachten, fühlten wir uns reich gesegnet und von einem tiefen Gemeinschaftsgefühl erfüllt. Ladys Seele war bei uns. Es war, als könnten wir sie lachen hören, von ihrem verbrauchten Körper befreit und auf ewig unser verspielter Hund.

Literatur

Abercrombie, Barbara (Hg.): *Cherished: 21 Writers on Animals They Have Loved and Lost*. New World Library, 2011.

Ashby, Ann: "Man's Best Friend: Guard of the Afterlife." *Dog-World*, Juli 1993.

Auden, W. H.: "Talking to Dogs." *Harper's*, März 1971.

Bly, Robert: *News of the Universe: Poems of Twofold Consciousness*. Sierra Club Books, 1980.

Butler, Carolyn/Suzanne Hetts/Laurel Lagoni: *Friends for Life: Loving and Losing Your Animal Companion*. Sounds True Audio, 1996.

Cantwell, Mary: "The Soul Knows No Species, nor Does Love." *New York Times*, 22. März 1990.

Clinebell, Howard: *Modelle beratender Seelsorge*. Chr. Kaiser 1989.

Frey, William: *Crying: The Mystery of Tears*. Winston Press 1985.

Galsworthy, John: *Jenseits*. Gutenberg 1948.

Goodman, Jacki: *The Fireside Book of Dog Stories*. Simon and Schuster 1943.

Gould, Stephen Jay: "Our Allotted Lifetimes." *Natural History* 86, Nr. 7 (1977).

Grollman, Earl: *Mit Kindern über den Tod sprechen*. Christliche Verlagsanstalt 2004.

Holmes, Thomas/R. H. Rahe: "The Social Adjustment Rating Scale." *Journal of Psychosomatic Research* 2, (1967): 213-218.

Joseph, Richard: *A Letter to the Man Who Killed My Dog*. Frederick Fell 1956.

Kahn, Robbie Pfeufer: "Though It's Your Heart's Passion: Healing from the Death of a Family Dog." Vortrag auf der American Sociological Association's Sociology of Emotions Conference, New York, August 1996.

Katcher, Aaron (Hg.): *New Perspectives on Our Lives with Companion Animals*. University of Pennsylvania Press 1983.

Katcher, Aaron/Alan Beck: "Health and Caring for Living Things." *Anthrozoos* 1, Nr. 3 (1987): 175-183.

Keillor, Garrison: "The Poetry Judge." *Atlantic Monthly*, Februar 1996.

Keillor, Garrison: *We Are Still Married: Stories and Letters*. Penguin Books 1990.

Kenworthy, Jack: *Dog Training Guide*. Pet Library 1969.

Kipling, Rudyard: *Collected Dog Stories*. Doubleday, Doran & Co. 1934.

Kübler-Ross, Elisabeth: *Reif werden zum Tode*. Gütersloher Verlag 1995.

Kutner, L.: "For Children, the Death of a Pet Isn't Practice for Something More Serious; It's the Real Thing." *New York Times*, 2. August 1990.

Lee, Laura: "Coping with Pet Loss." *Dogs Today*, September 1996.

Levinson, Boris: "Human Grief on the Loss of an Animal Companion." *Archives of the Foundation of Thanatology* 9, Nr. 2 (1981): 5.

Lewis, Richard (Hg.): *Miracles: Poems by Children of the English-Speaking World*. Simon and Schuster 1966.

Mason, Jim: *An Unnatural Order*. Continuum 1997.

Matthews, Peter (Hg.): *Das neue Guinness Buch der Rekorde '95*. Ullstein 1994.

McKeown, Donal/Earl Strimple: *Your Pet's Health from A to Z*. Robert B. Luce 1973.

Meyer, Richard E./David M. Gradwohl: "Best Damm Dog We Ever Had: Some Folkloristic and Anthropological Observations on San Francisco's Presidio Pet Cemetery." *Journal of the Association for Gravestone Studies* 12 (1995): 206-219.

Nieburg, Herbert/Arlene Fischer: *Pet Loss: A Thoughtful Guide for Adults and Children*. Harper & Row 1982.

Nuland, Sherwin: *Wie wir sterben Ein Ende in Würde*. Kindler 1994.

Patterson, Francine/Eugene Linden: *The Education of Koko*. Holt, Rinehart & Winston 1981.

Porter, Valerie: *Faithful Companions: The Alliance of Man and Dog*. Methuen 1987.

Searl, Edmund: *In Memoriam: A Guide to Modern Funeral and Memorial Services*. Skinner House 1993.

Serpell, James: *Das Tier und wir*. Müller Rüschlikon 1990.

Temerlin, Maurice K.: *Lucy: Growing Up Human*. Science and Behavior Books 1975.

Danksagung

Alle Begebenheiten, von denen in diesem Buch die Rede ist, sind wahr. In einigen Fällen wurden kleinere Details wie die Namen verändert, um die betroffenen Personen zu schützen oder den Erzählfluss zu vereinfachen.

Ich möchte vielen Menschen und Organisationen danken, die ihren Beitrag zu diesem Buch geleistet haben, allen voran meiner Frau Dori Jones, die mir nicht nur beim Korrekturlesen geholfen hat, sondern mich auch wie immer gut beraten hat. Ebenso danke ich: Liz Frenette von der Monadnock Humane Society, Dr. David Walton, Professor Jeanette Jones von der Rutgers University, die nicht nur meine Schwägerin ist, sondern vor allem zum Thema Trauer ausführlich geforscht hat, Michael Ward, der International Association of Pet Cemeteries, dem Mount Auburn Cemetery in Cambridge, Massachusetts, Patricia Gabel von der Association for Gravestone Studies, Margaret Carter, Professor Robbie Kahn, Holly Cheever, Holly Busier, Dee Kalea, Gloria Cooley, Errol Sowers, der die Geschichte über seinen Hund Lady beitrug, Ann Ashby, die mich an ihren Untersuchungen über Tierstatuen und Grabinschriften für Tiere teilhaben ließ, Connie Howard von der Greater Burlington

Humane Society, die ihr Wissen zur Verfügung stellte und mir erlaubte, Tiere in ihrem Tierheim zu fotografieren, Iris Muggenthaler von Endtrap, Valerie Hurley und John Kern sowie Professor Tom Regan von der North Carolina State University. Die Informationen und die Unterstützung, die ich von den Genannten und anderen erhielt, waren unbezahlbar.

Dank schulde ich meiner Kirchengemeinde, der First Unitarian Universalist Society of Burlington, Vermont, die mir für dieses Projekt sechs Monate freigab. Auch der Harvard Divinity School bin ich zu Dank verpflichtet, die mir im Frühjahr 1996 ein Merrill-Stipendium anbot und mir so den Zugang zu Harvards Bibliotheken und Forschungseinrichtungen ermöglichte.

Zuletzt möchte ich meinem Verlag New World Library für seine Unterstützung danken und dafür, dass man das Thema für wichtig genug hielt, damit ich eine vollständig revidierte Fassung dieses Buchs erarbeiten konnte.

Ich hoffe, dass alle, die dieses Buch lesen, darin Trost für sich finden und es mit anderen Trauernden teilen. Wenn es den Leserinnen und Lesern ein Lächeln auf Gesicht zaubert oder eine Träne trocknet, war es alle Mühe wert.

Über den Autor

Gary Kowalski begann die Arbeit an diesem Buch, als sein Hund Chinook elf Jahre alt war. Chinook starb kurz nach Drucklegung des Buches, und diese überarbeitete Auflage ist seinem Andenken gewidmet. Seitdem erfreut sich Gary der Gesellschaft des neuen Hundes Smokey (halb Schäferhund, halb Känguru und  Geierschildkröte) sowie der einiger Hennen namens Faith, Hope, Charity, Fred und Gobbledegook.

Reverend Kowalski ist seit seinem Abschluss am Harvard College und an der Harvard Divinity School als ordinierter Geistlicher tätig, unter anderem an Kirchen in Tennessee, Washington State, Vermont, New Mexico und Massachusetts. Er engagiert sich bei den Green Mountain Animal Defenders, einer Lobbygruppe für eine bessere Behandlung von Tieren im Unterhaltungssektor, sowie in der Forschung und in der Landwirtschaft.

Als überzeugter Veganer stand Gary Kowalski in der Vergangenheit auch dem Unitarian Universalist Animal Ministry als Präsident vor. Er arbeitet zur Zeit an einem neuen Buch über die Segnungen, die Tiere (von Frühlingspfeifern über Fischotter bis hin zu Wildgänsen) unserem Planeten bringen.

www.kowalskibooks.com

Weiterführende Informationen zu
Büchern, Autoren und den Aktivitäten
des Silberschnur Verlages erhalten Sie unter:
www.silberschnur.de

Natürlich können Sie uns auch gerne den
Antwort-Coupon aus dem beiliegenden
Lesezeichenflyer zusenden.

Ihr Interesse wird belohnt!

Veronique Aïache

Die Schnurr Therapie
Wie Katzen uns heilen

Das sanfte Schnurren einer Katze verbreitet nicht nur Wohlbehagen und Wärme, es hat auch eine wohltuende Wirkung auf Körper und Seele. Schnurren ist ein Anti-Stress-Faktor, kurbelt das Immunsystem an, gleicht den Blutdruck aus und unterstützt die Psychomotorik.

180 Seiten, durchgehend farbig, inklusive CD, Flexocover
ISBN 978-3-89845-408-7
€ [D] 19,95

Entdecken Sie in diesem Buch die Geheimnisse dieses natürlichen Heilmittels und die Heilkräfte des Schnurrens. Neben praktischen Übungen und wunderschönen Fotos enthält dieses einmalige Buch eine 30-minütige CD mit Katzenschnurren, damit auch Menschen ohne Katze die wohltuende Wirkung des Schnurrens erleben können.

Harold Sharp

Auch Tiere überleben den Tod
Das jenseitige Tierreich

Dem bekannten Medium Harold Sharp ist es gelungen, durch Astralreisen zahlreiche Beweise zusammenzutragen, die belegen, dass Tiere den physischen Tod überleben und wie ihre Besitzer in ein Reich übergehen, in dem sich grenzenlose Möglichkeiten für sie bieten.

96 Seiten, broschiert
ISBN 978-3-923781-52-2
€ [D] 8,90

Für den, der ein geliebtes Tier verloren hat, bedeutet dieses Buch daher Trost und die Hoffnung auf ein Wiedersehen. Gleichzeitig ist es ein Buch voller bezaubernder Geschichten, die von der Liebe, Treue und Seelentiefe unserer Tiere erzählen.
Wer Tiere liebt, wird dieses Buch mit Freuden lesen.

232 Seiten, broschiert
ISBN 978-3-89845-590-9
€ [D] 18,95

Birgit Rusche-Hecker und Annette Dorstijn

Fühlende Wesen

Tiere als Brücke zu unserer wahren Natur

Mit diesem Buch erkennen wir unser Bewusstsein für uns selbst und die Welt um uns herum. Wir erfahren, wie es gelingen kann, unsere Verbundenheit mit uns selbst und anderen fühlenden Wesen wiederherzustellen und zu spüren, welch wichtige, hilfreiche Begleiter unsere Mitgeschöpfe, die Tiere, auf diesem Weg sind.

Eine Inspiration für Menschen, die sich auf den Kern ihres Seins rückbesinnen und ihren Teil zum persönlichen sowie zum Wohl der Tiere beitragen möchten.

Mit gratis MP3 Download

128 Seiten, broschiert
ISBN 978-3-931652-87-6
€ [D] 10,90

Gudrun Weerasinghe

Mit Tieren kommunizieren

Geschichte einer besonderen Begebenheit

Die Autorin macht deutlich, dass die Spiritualität unserer Tiere der der Menschen in nichts nachsteht. Im Gegenteil: Sie leben meist instinktiver, intensiver und in tieferer Verbindung zur spirituellen Welt als die Menschen – denen der Verstand oft im Wege steht. Die telepathischen Übermittlungen eines Hundes zu seinen irdischen und spirituellen Erlebnissen sind Thema dieses Buches. Aus der Perspektive dieses Bewusstseins werden Themen wie Reinkarnation, Karma, Schutzwesen und die Farben der Aura erläutert.

208 Seiten, broschiert,
ISBN 978-3-89845-646-3
€ [D] 15,00

Elisa S. Suter

Die geheime Sprache der Tiere

Eine neue revolutionäre Methode, die Ausdrucksweise der Tiere zu entziffern, zu verstehen und zu erlernen

Die Tierexpertin Elisa S. Suter zeigt, wie eine Mensch-Tier-Kommunikation mit der »Think-feel-Methode« eine geniale Realität sein kann und erklärt, worauf man beim Gespräch mit seinem Tier – egal welcher Gattung – achten muss. In diesem Buch erwartet Sie eine aufregende Technik, die den Rahmen der »normalen«, allgemein akzeptierten Realität vollständig sprengt und mit der Sie Tiere verstehen lernen.

160 Seiten, gebunden
ISBN 978-3-89845-378-3
€ [D] 14,95

Elisabeth Kübler-Ross

Lebe jetzt und über den Tod hinaus

Die Schweizer Ärztin Dr. Elisabeth Kübler-Ross ist eine der bekanntesten Ärztinnen unserer Zeit und die Begründerin der modernen Sterbeforschung. Ihre Definition der heute wissenschaftlich anerkannten fünf Phasen des Sterbens revolutionierte die Forschung. Für ihre weltweit geschätzte Arbeit erhielt sie 20 Ehrendoktortitel an verschiedenen Universitäten und wurde vom TIME Magazine zu den »100 größten Wissenschaftlern und Denkern des 20. Jahrhunderts« gewählt

In diesem wegweisenden Buch offenbart uns Elisabeth Kübler-Ross die Antwort auf die wohl wichtigste Frage über das Leben und den Tod: Wie können wir unser jetziges Leben gestalten, um es mit dem Sterben zu versöhnen.

Elfenhellfer
... und das Leben lächelt Dir zu!

Seit vielen Jahren begleiten die liebenswerten Elfen aus der Buchreihe »Elfenhellfer« Menschen auf der ganzen Welt mit ihren einfachen wie einfühlsamen Ratschlägen auf ihrem Lebensweg.

Die Elfenhellfer bieten in unserer schnelllebigen und medial überfüllten Welt eine erfrischende Form der Nostalgie und laden ein zu einer neuen Langsamkeit, die das Leben unglaublich bereichert. Nach der Devise »heller statt schneller« geben sie uns Mittel an die Hand und ans Herz, die uns zeigen, was wirklich wichtig ist und uns zu einem reichen und erfüllenden Leben verhilft.

Die feinfühligen, findigen, warmherzigen und liebenswerten Elfen bieten Rat zu vielen Themen, die uns im alltäglichen Leben bewegen und bei denen wir Unterstützung und Rückhalt brauchen.

Älter werden, weiser werden · *ISBN 978-3-89845-536-7* · € [D] 5,90
Sei gut zu Dir · *ISBN 978-3-89845-607-4* · € [D] 5,90
Vertraue Deiner Trauer · *ISBN 978-3-89845-529-9* · € [D] 5,90
Nimm Dein Leben in die Hand · *ISBN 978-3-89845-573-2* · € [D] 5,90
Wahrhafte Weihnachten · *ISBN 978-3-85466-048-4* · € [D] 5,90

... weitere Elfenhellfer-Titel finden Sie unter
www.silberschnur.de und bei Ihrem Buchhändler.